EXERCICES ET PROBLÈMES

ÉLÉMENTAIRES ET PRATIQUES

D'ARITHMÉTIQUE DÉCIMALE

[illegible] [illegible]

[illegible]

[illegible]

EXERCICES ET PROBLÈMES

ÉLÉMENTAIRES ET PRATIQUES

D'ARITHMÉTIQUE

DÉCIMALE

Par J.-H. C.

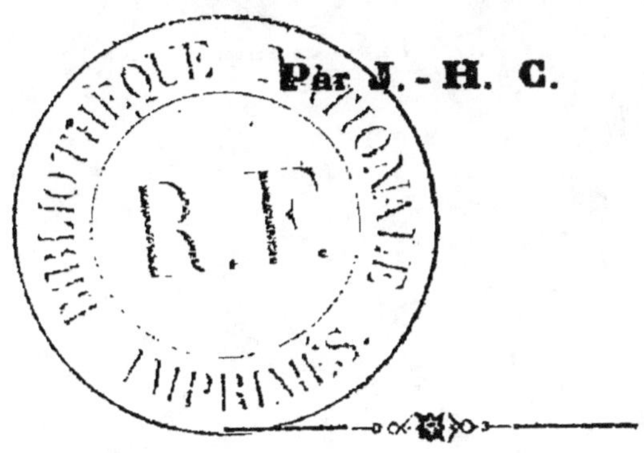

LILLE

L. LEFORT, IMPRIMEUR - LIBRAIRE.

1851

NOTIONS PRÉLIMINAIRES.

L'arithmétique est la science des nombres et du calcul.

Le nombre est une quantité représentée par des signes qu'on appelle chiffres. Ces chiffres sont :

1, 2, 3, 4, 5, 6, 7, 8, 9, 0.

Un, deux, trois, quatre, cinq, six, sept, huit, neuf, zéro.

Le zéro seul ne signifie rien ; mais, placé à la droite d'un autre chiffre, il en rend la valeur dix fois plus grande. De même, tout autre chiffre, placé à la droite d'un autre, rend le chiffre qui précède dix fois plus grand. Il en est encore de même des plus grands nombres.

CHIFFRES			CHIFFRES		
Romains.		Arabes.	Romains.		Arabes.
I.	un	1	XX.	vingt	20
II.	deux	2	XXX.	trente	30
III.	trois	3	XL.	quarante	40
IV.	quatre	4	L.	cinquante	50
V.	cinq	5	LX.	soixante	60
VI.	six	6	LXX.	soixante-dix	70
VII.	sept	7	LXXX.	quatre-vingts	80
VIII.	huit	8	XC.	quatre-vingt-dix	90
IX.	neuf	9	C.	cent	100
X.	dix	10	D.	cinq cents	500
XI	onze	11	M.	mille	1000

NUMÉRATION.

La numération est l'art de représenter les nombres.

Voici la manière de nombrer :

Nombre ou unité	1
Dizaine.	10
Centaine	100
Mille	1,000
Dizaine de mille	10,000
Centaine de mille	100,000
Million.	1,000,000
Dizaine de millions.	10,000,000
Centaine de millions	100,000,000
Billion.	1,000,000,000
Dizaine de billions	10,000,000,000
Centaine de billions.	100,000,000,000

Pour faciliter la numération. on peut partager les nombres en tranches de trois chiffres, par le moyen d'une virgule renversée, en commençant par la droite, comme on le voit ci-dessus.

L'arithmétique se compose de quatre régles, ou opérations fondamentales. Ce sont : l'addition, la soustraction, la multiplication et la division.

ADDITION.

L'addition est une opération par laquelle on réunit plusieurs quantités de même espèce en un seul nombre. Ce seul nombre s'appelle somme ou total.

Pour additionner, ou réunir plusieurs nombres, on les écrit les uns sous les autres, de manière que les unités se trouvent placées sous les unités, les dizaines sous les dizaines, les centaines sous les centaines, etc.; on souligne le tout par un trait, sous lequel on place le résultat, dans le même ordre que l'on vient d'énoncer.

Voici plusieurs exemples :

1	5	34	41	136
2	5	13	16	12
3	2	21	31	13
1	1	1	34	44
total 7	3	3	24	21
	2	2	14	333
	total 14	tot. 74	tot 160	113
				total 672

Pour le troisième exemple où il se trouve des dizaines, voici comme on opère, en commençant par les unités, première colonne de chiffres à droite : 4 et 3 font 7 et 1 font 8 et 1 font 9 et 3 font 12 et 2 font 14 : on pose 4 sous la colonne des unités et l'on retient une dizaine que l'on reporte à la colonne des dizaines, en disant : 1 de retenue et 3 font 4 et 1 font 5 et 2 font 7 : on pose 7 sous la colonne des dizaines, et le tout forme un total de 74.

On opère de même pour le quatrième exemple en disant : 1 et 6 font 7 et 1 font 8 et 4 font 12 et 4 font 16 et 4 font 20 : on pose zéro sous la colonne des unités et l'on retient deux dizaines que l'on reporte à la colonne des dizaines en disant : 2 de retenue et 4 font 6 et 1 font 7 et 3 font 10 et 3 font 13 et 2 font 15 et 1 font 16 : ici on pose 6 sous la colonne des dizaines, et l'on avance 1 qui forme la colonne des centaines ; le tout donne un total de 160.

Pour le cinquième exemple, on obtient 22 à la première colonne, au-dessous de laquelle on écrit 2, et l'on reporte deux dizaines à la colonne des dizaines. Arrivé au bas de cette colonne de dizaines, on trouve 17 : on pose 7 sous la colonne et l'on retient première dizaine de dizaines, ce qui fait première centaine à reporter en la colonne des centaines, etc. Le tout réuni forme une somme de 672.

Addition des nombres décimaux.

Les unités décimales sont soumises à la même loi que les unités entières : en effet, une unité vaut dix dixièmes, un dixième vaut dix centièmes, un centième vaut dix millièmes, etc. Il est évident que l'addition des nombres décimaux doit s'effectuer de la même manière que celle des unités d'entiers. Lorsqu'il s'agit de disposer une addition, il faut placer soigneusement et par rang d'ordre, les décimales les uns sous les autres, les séparer exactement des unités par le moyen d'une virgule, ainsi qu'au total, mais il faut bien remarquer que l'opération se fait, comme s'il n'y avait pas de virgule, et que les dixièmes ou les décimes, occupent la première colonne à la droite de la virgule, les centièmes ou les centimes la seconde, les millièmes ou les millimès la troisième, etc. En voici un exemple.

$$
\begin{array}{rr}
8, & 40 \\
1, & 31 \\
12, & 05 \\
20, & 265 \\
\hline
42, & 025
\end{array}
$$

Pour faire la preuve de l'addition, il faut recommencer le calcul dans un ordre différent de celui qu'on a suivi d'abord; ainsi, si l'on a fait l'addition en allant de haut au bas, on recommencera en comptant de bas en haut; si le second résultat est conforme au premier, on conclura que l'opération est bien faite.

SOUSTRACTION.

La soustraction est une opération par laquelle on cherche le reste ou la différence de deux nombres de même espèce.

Le résultat de la soustraction se nomme reste ou différence.

Pour faire la soustraction, il faut d'abord poser le plus grand nombre, puis le plus petit au-dessous, de manière que les unités soient placées sous les unités, les dizaines sous les dizaines, les centaines sous les centaines, etc. Si les nombres sont composés de décimales, on place les décimales à la suite de leur nombre respectif, en les séparant des unités par la virgule, de manière qu'ils se correspondent selon le rang qu'ils doivent occuper, comme pour l'addition.

S'il arrivait que l'un des deux nombres ne fût p s composé de décimales, il faudrait alors remplir le vide par le moyen de zéros.

EXEMPLES :

	1°	88	2°	272	3°	304
		46		66		168
Reste		42	Reste	206	Reste	136

	4°	160,	05	5°	2800,	03
		80,	25		1840,	78
Reste ou diff.		79,	80	Dffér.	959,	25
				Preuve	2800,	03

1° on commence l'opération par la droite en disant : de 8 ôtez 6 reste 2, qu'on pose au-dessous de cette première colonne. Passant à la deuxième colonne on dit : de 8 ôtez 4 reste 4, qu'on pose aussi sous cette deuxième colonne. Le reste ou la différence est de 42.

2° on opère de même, en disant : de 2 ôter 6 ne se peut : il faut donc emprunter 1 à la colonne des dizaines qui vaut 10 unités, et dire : 1 qui vaut 10 et 2 font 12, de 12 ôtez 6 reste 6, qu'on place sous la colonne des unités. Puis, comme au lieu de sept dizaines il n'en reste plus que six, on dit : de 6 ôtez 6 reste rien, on pose 0 sous la colonne des dizaines. Ensuite passant à la colonne des centaines, on dit : de 2 ôtez rien reste 2. Ce qui constitue un reste de 206.

3° on commence, disant : de 4 ôter 8, ne se peut; il faut alors emprunter, non première dizaine, puisqu'il ne s'en trouve pas, mais première centaine à la troisième colonne, laissant de cette centaine neuf dizaines en la colonne des dizaines, on arrive aux unités avec première dizaine qui vaut 10 unités disant : 10 et 4 font 14, de 14 ôtez 8 reste 6, qu'on pose au-dessous. Ensuite passant aux dizaines, on dit : de 9, puis qu'on y a laissé neuf dizaines, ôtez 6 reste 3 ; on pose 3. Enfin, passant aux centaines, on dit : de 2 ôtez 1 reste 1. Le reste ou la différence est de 136.

4° De même pour ce quatrième exemple qui se trouve composé de dixièmes et de centièmes, on dit : de 5 ôtez 5 reste rien, on pose 0 au-dessous de la colonne des centièmes. Passant à la deuxième colonne, qui est celle des dixièmes : de 0 ôter 2 ne se peut, on emprunte 1, aux dizaines d'unités, qui vaut 10 unités, dont on laisse 9 à la colonne des unités, et, arrivant à celle des dixièmes avec cette unité qui vaut 10 dixièmes, on dit : de 10 ôtez 2 reste 8. Ensuite à la colonne des unités : de 9 ôtez rien reste 9 : enfin à la colonne des dizaines : de 5 ôter 8 ne ne peut, on emprunte 1 aux centaines et l'on dit : 1 qui vaut 10 dizaines et 5 font 15, de 15 ôtez 8 reste 7. Le reste ou la différence est de 79, 80.

Il serait inutile d'expliquer le cinquième exemple.

On a dû remarquer que la virgule ne présente pas d'obstacle à l'opération ni à la solution, pourvu qu'on ait soin de la replacer en la colonne qu'elle doit occuper. Il est de grande utilité en faisant l'opération, de pointer le chiffre sur lequel on emprunte

La preuve de la soustraction se fait en additionnant, toujours par rang d'ordre, le second terme de l'opération avec le résultat. Si la somme qu'on obtient est conforme au premier terme, l'opération est bien faite.

MULTIPLICATION.

La multiplication est une opération par laquelle on répète un nombre autant de fois qu'il y a d'unités dans un autre. Le résultat de la multiplication se nomme produit. Le terme qui doit être multiplié s'appelle multiplicande, et l'autre terme, qui doit servir à multiplier, se nomme multiplicateur. On les appelle encore les deux facteurs.

Les nombres à multiplier se placent indifféremment l'un avant l'autre ; mais toujours sur deux lignes horizontales, comme on le voit par les exemples ci-dessous :

1re	6	IIe	45	IIIe	508	IVe	410
	2		3		4		8
Prod.	12	Pr.	135	Pr.	2032	Pr.	3280

V^e	1765	VIe	6,05	VIIe	20,05
	16		30		20
	10590	Pr.	181,50	Pr.	401,00
	1765				
Produit	28240				

VIIIe	42,50	IXe	111,88	X^e	91,70
	2,46		11,50		27,05
	25500		559400		45850
	17000		11188		641900
	8500		11188		18340
	104,5500		1286,6200		2480,4851

XIe	234,10	XIIe	6400,90
	150,07		2306,04
	163870		2560360
	11705000		38405400
	23410		19202700
	35131,3870		1280180
			14760 731,4360

Voici comme on procède à ces opérations. D'abord par le premier exemple : après avoir placé régulièrement, comme on le voit, le multiplicande et le multiplicateur, on opère en disant : 2 fois 6, 12, qu'on place à la suite des deux facteurs, sous une ligne préalablement tracée. Le produit de cette opération est 12.

Deuxième exemple : On procède en disant : 3 fois 5 15, on pose 5 à la colonne des unités et l'on retient 1 qui est une dizaine à reporter parmi les dizaines. Passant aux dizaines, on dit : 3 fois 4, 12 et 1 de retenue, 13, qu'on pose à côté de 5, ce qui forme un produit de 135.

Le troisième et le quatrième exemples ne présentent pas de difficulté, on passe ici au cinquième exemple, disant : 5 fois 6, 30; on pose 0 pour les unités et l'on retient 3 dizaines. Ensuite : 6 fois 6, 36 et trois de retenue 39, on pose 9 en la colonne des dizaines, et l'on retient 3 dizaines de dizaines qui font 3 centaines à reporter aux centaines. Puis 6 fois 7, 42 et 3 de retenue 45, on pose 5 en la colonne des centaines, et l'on retient 4 dizaines de centaines qui font 3 mille à reporter en la colonne de mille. Enfin passant aux mille : 6 fois 1, 6 et 4 de retenue font 10, on pose 10. Le produit du premier chiffre du multiplicateur est de 10,590. On procède de là au produit du second chiffre du multiplicateur, disant : une fois 5 , qu'on pose en deçà du premier produit , en la colonne des dizaines ; ensuite : une fois 6 , on pose 6 à la gauche de 5. Puis : une fois 7, on pose 7 à côté de 6. Enfin : une fois 1 , on pose 1. Le produit du second chiffre, ou des dizaines du multiplicateur est de 1,765 , placé par rang d'ordre sous le premier. Ces deux produits partiels réunis donnent un produit général de 28,240.

Sixième exemple : Le premier chiffre du multiplicateur vers la droite étant un zéro , il suffit de poser un zéro en la colonne des unités , et passer ensuite au second chiffre du multiplicateur, disant : 3 fois 5 15 , on pose 5 en la colonne des dizaines et l'on retient 1, qu'on reporte en la colonne suivante. Puis , on dit : 3 fois 0, 1 de retenue , 1, on pose 1. Enfin : 3 fois 6, 18, on pose 18. Le produit est de 181, 50. La virgule n'apporte aucune difficulté à l'opération comme on le voit par cet exemple; mais il faut avoir soin de tracer au produit , par le moyen de la virgule , autant de chiffres qu'il y a de décimales au multiplicande et au multiplicateur.

Septième exemple : Le premier chiffre du multiplicateur étant zéro, on pose 0 en la première colonne, et l'on passe au second chiffre du multiplicateur, disant : 2 fois 5 10, on pose 0 en la seconde, et l'on retient 1. Ensuite, on dit : 2 fois 0, 1 de retenue, 1, on pose 1 en la trosième colonne. Puis : 2 fois zéro, on pose 0 en la quatrième colonne. Enfin : 2 fois 2 , 4 ; on pose 4. Le produit est ici de 401,00.

Huitième exemple : On opère en disant : 6 fois 0 , on pose 0 pour premier chiffre ; ensuite 6 fois 5, 30, on pose 0 en la seconde colonne et l'on retient 3 qu'on reporte en la troisième colonne, disant : 6 fois 2 , 12 , et 3, 15, on pose 5 et l'on retient 1 pour la colonne suivante. Puis : 6 fois 4, 24 et 1, 25, on pose 25. Voilà pour le premier chiffre du multiplicateur. Pour le deuxième chiffre qui est 4, on opère de même, en disant : 4 fois 0, on pose 0 en la deuxième colonne. Ensuite : 4 fois 5, 20, on pose 0, etc.

On opère de même pour le troisième chiffre du multiplicateur.

Neuvième exemple. On commence par poser 0, première colonne, et l'on passe au deuxième chiffre du multiplicateur qui est 5, disant : 5 fois 8, 40, on pose 0 à côté de celui qu'on a déjà posé, on retient 4, etc.

Arrivé au troisième chiffre du multiplicateur, on dit : une fois 8, on pose 8 en la troisième colonne, parce qu'il doit tenir le même rang d'ordre que le chiffre du multiplicateur qui le produit. Ensuite : une fois 8, qu'on pose à côté de l'autre 8. Puis : une fois 1 ; on pose 1. Ainsi de suite, etc.

Le dixième exemple ne présente aucune nouvelle difficulté.

Onzième exemple : Après avoir opéré par le premier chiffre du multiplicateur, on passe au second qui est zéro, qu'on pose en la deuxième colonne. De là au troisième chiffre qui est encore 0, qu'on pose à côté de l'autre, troisième colonne. On arrive ensuite au quatrième chiffre qui est 5, et l'on dit : 5 fois 0, ou pose 0 en la quatrième colonne à côté des deux autres zéros. Ensuite : 5 fois 1, 5, on pose 5. Puis : 5 fois 4, 20, on pose 0, et l'on retient 2. Puis encore : 5 fois 3, 15 et 2, 17, on pose 7 et l'on retient 1. Enfin : 5 fois 2, 10 et 1, 11, on pose 11. — On passe ensuite au cinquième chiffre du multiplicateur, disant : 1 fois 0, on pose 0, en la cinquième colonne. Puis : une fois 1, on pose

1; une fois 4, on pose 4; une fois 3, on pose 3; une fois 2, on pose 2, etc.

Le douzième exemple présente peu de difficulté.

Pour faire la preuve de la multiplication, on multiplie la moitié du multiplicande par le double du multiplicateur, et l'on doit retrouver le même produit. Supposons qu'on ait multiplié 4017,03 par 760,50, pour faire la preuve, on prendra la moitié du multiplicande, qui est 4017,03, et on multipliera par le double du multiplicateur, qui est ici 760,50, comme il suit :

Opération posée.

4017,03
760,50
____

Preuve posée.

2008,515
1521,00
____

On commence par le premier chiffre vers la gauche, en disant : la moitié de 4 est 2, on pose 2; la moitié de 0, 0, on pose 0. Puis la moitié de 1 ne se pose ; on le remplace par 0; mais cet 1 reste et l'on dit : il reste une dizaine qui vaut 10 unités ou simplement : il reste 1 qui vaut 10 et 7, 17; la moitié de 17 est 8, on pose 8; mais il reste 1 qui vaut 10 pour la colonne suivante où il y a 0; la moitié de 10 est 5, on pose 5. Passant au chiffre suivant qui est 3 : la moitié de 3 est 1, on pose 1; mais il reste 1 qui vaut 10 ; et la moitié de 10 est 5, on pose 5.

Pour la multiplication on commence par le premier chiffre vers la droite qui est ici 0, qui étant doublé ne produit que 0, on pose donc 0. Passant de là au dexième chiffre qui est 5, on dit : double 5 est 10, ou 2 fois 5, 10; on pose 0, et l'on retient 1. Arrivant au troisième chiffre, on dit : 2 fois 0, 0; on pose 1 qu'on vient de retenir, et l'on passe au quatrième qui est 6 : 2 fois 6, 12, on pose 2 et l'on retient 1. Enfin au cinquième chiffre qui est 7 : 2 fois 7, 14, et 1 de retenue 15, on pose 15. Cela fait, on procède à une seconde multiplication.

Il faut avoir soin de replacer la virgule au multiplicande et au multiplicateur, au rang qu'elle doit occuper.

DIVISION.

La division est une opération par laquelle on cherche combien de fois un nombre, qu'on appelle diviseur, est contenu dans un autre qu'on appelle dividende. Le résultat se nomme quotient.

On voit par cette définition que la division est un vrai partage, ou une opération qui consiste à partager un nombre ou une quantité, en autant de parts qu'il y a d'unités dans un autre. Ce qui le prouve évidemment, c'est qu'en multipliant le résultat qui est le montant de chaque part, par le diviseur, qui est le nombre des partageants, on retrouve exactement le dividende qui était le nombre à partager. Ce moyen sert de preuve à la division.

On demande combien de fois le nombre 6 est contenu dans 696, ou bien, on veut partager 696 en 6 parts, et savoir le montant de chaque part.

1ʳᵉ *Opération.*

Dividende 696	6 Diviseur
09	116 Quotient.
36	6
0	696 Preuve.

On procède à cette opération partiellement, par rang d'ordre, commençant par la gauche du dividende de cette manière : en 6 combien de fois 6 (diviseur)? Une fois : on pose 1 au quotient au-dessous du diviseur, et multipliant le diviseur 6 par la réponse 1, on dit : une fois 6 est 6 que l'on soustrait de 6, premier chiffre du dividende vers la gauche, et comme en ôtant 6 de 6, il ne reste rien, on pose 0 sous le 6 au dividende. — Ensuite on descend le second chiffre du dividende qui est 9, et l'on dit : en 9 combien de fois 6? une fois; on pose encore 1 au quotient et l'on multiplie en disant : une fois 6 est 6 que l'on soustrait de 9 au dividende; et, comme en ôtant 6 de 9, il reste 3, on pose 3 au-dessous de 9 au dividende. — Enfin on descend 6, dernier chiffre du dividende, à côté de 3, et l'on continue : en 36 combien de fois 6? il y est 6 fois, on pose 6 au quotient, et l'on multiplie, disant : 6 fois 6, 36 que l'on soustrait de 36 au dividende; et, comme il ne reste rien, on pose 0 au-dessous de 36. L'opération se trouve terminée. Le résultat ou quotient est 116, ou chaque part est de 116.

La preuve se fait, comme il a été dit précédemment, en multipliant le résultat ou quotient par le diviseur. Le produit de cette multiplication doit être semblable au dividende.

REMARQUE.

Il faut observer , comme règle générale ,

qu'aucun reste de division partielle ou autre ne peut jamais excéder le diviseur, ni même l'égaler.

2ᵉ *Opération.*

```
Dividende   18442  |  8        Diviseur.
               24  |  2305     Quotient.
              042         8
Reste           2      ──────
                       18440
                           2   Le reste.
                       ──────
                       18442   Preuve.
```

On procède à cette opération, commençant par la gauche du dividende et disant : en 18 combien de fois 8 ? 2 fois (on dit en 18, puisque 1 ne contient pas le diviseur). On pose 2 au quotient, et l'on multiplie, disant : 2 fois 8, 16 qu'on soustrait de 18 au dividende, et dont il reste 2 ; on pose 2 au-dessous de 18, et l'on descend le chiffre suivant qui est 4 côté du reste, ce qui fait 24. — Puis on continue : en 24 combien de fois 8 ? 3 fois ; on pose 3 au quotient. On multiplie le diviseur 8 par 3 : 3 fois 8, 24 qu'on soustrait de 24 au dividende ; et, comme il ne reste rien, on pose 0 au-dessous de 24. — On descend le chiffre suivant qui est 4, disant : en 4 combien de fois 8 ? et, comme 4 ne contient pas 8, on pose 0 au quotient, et l'on descend le chiffre suivant qui est 2, ce qui fait 42. — On continue : en 42 combien de fois 8 ? 5 fois ; on pose 5 au quotient, et l'on multiplie ; 5 fois 8, 40, de 42, reste 2 ; on pose 2 au-dessous de 42. Le dernier reste est 2. L'opération est terminée, et le quotient ou chaque part est de 2035.

3ᵉ *Opération*.

```
Dividende   78081406  | 37        Divis.
                  40  | 2110308   Quot.
                  38
                 114
                 306
Reste             10
```

Comme il se trouve plusieurs chiffres au diviseur, l'opération s'effectuera plus facilement, en disant : en 7 combien de fois 3, plutôt que si l'on disait : en 78 combien de fois 37? Ceci se trouve clairement démontré dans l'exposé de cette opération, comme il suit.

On procède donc de cette manière : en 7 combien de fois 3? 2 fois ; on pose 2 au quotient, puis on multiplie le diviseur 37 par 2 : 2 fois 7, 14 qu'on soustrait de suite de 8, second chiffre du dividende partiel, disant : 14 de 18 (au lieu de 8), reste 4 qu'on pose sous le 8 au dividende, et l'on retient 1; puis pour l'autre chiffre du diviseur : 2 fois 3, 6, et 1 de retenue font 7 qu'on soustrait de 7 au dividende ; et, comme il ne reste rien, on peut se dispenser de poser 0 au-dessous de 7 au dividende. — Ensuite on descend 0 qu'on place à côté de 4, ce qui fait 40 : en 4 combien de fois 3? une fois ; on pose 1 au quotient, et on multiplie : une fois 7 est 7, que l'on soustrait de 0 au dividende, en disant 7 : de 10, reste 3 qu'on pose au-dessous de 0, et retenant 1, on continue de multiplier l'autre chiffre du diviseur : une fois 3 et 1 de retenue font 4, de 4 au dividende, reste rien. — De là on descend 8 qu'on place à côté de 3, ce qui fait 38 ;

puis on dit : en 3 combien de fois 3? une fois, et l'on multiplie : une fois 7, de 8 reste 1, puis une fois 3 de 3 reste rien. — On descend 1 qu'on place à côté de l'autre, ce qui fait 11, et, comme 11 ne contiennent par le diviseur, on pose 0 au quotient; alors on descend 4 à côté de 11, ce qui fait 114. En 11 combien de fois 3? 3 fois : 3 fois 7, 21, de 24 reste 3 ; on retient 2, puis 3 fois 3, 9 et 2 de retenue font 11, de 11, reste rien. — On descend 0 à côté de 3, ce qui fait 30, et comme ce nombre ne contient pas le diviseur, on pose 0 au quotient, puis on descend 6 à côté de 30, ce qui fait 306 : en 30 combien de fois 3 ? 8 fois. Il est utile de remarquer qu'on ne pose pas 9 ni 10, parce que le diviseur multiplié par l'un de ces nombres excéderait le dividende partiel qui est 306, ce qui ne peut être admis. On pose donc 8 au quotient : 8 fois 7, 56, de 56, reste rien; on pose 0 sous le 6 au dividende, et l'on retient 5; puis 3 fois 8, 24 et 5, 29, de 30, reste 1, qu'on place à côté de 0. Le reste est 10.

On pourrait tracer une virgule à la suite du quotient qui est ici 2110308, ajouter 0 au reste qui est 10 pour le réduire en dixièmes, et continuer la division ; puis au reste de dixièmes ajouter encore 0, pour réduire en centièmes et continuer la division pour obtenir des centièmes, etc., etc.

La preuve se fait comme pour les opérations précédentes, sans y omettre le dernier reste qui se place toujours à droite, et s'additionne au produit.

4ᵉ Opération.

Divid.	3880609		6457	Divis.

```
Divid.   3880609      |    6457     Divis.
         0064090      |   600,992   Quot.
          59770             6457
          16570        ───────────
           3656           4206944
                          3004960
                          2403968
                          3605952
                             3656
                        ───────────
                        3880609,000
```

On peut procéder à cette opération, en disant : en 38806 combien de fois 6457 ; mais comme ce procédé présente des difficultés pour l'intelligence des enfants, on dit : en 38 combien de fois 6? 6 fois ; on pose 6 et l'on multiplie le diviseur : 6 fois 7, 42, de 46, reste 4, qu'on place au-dessous de 6 au dividende ; on retient 4, et l'on continue : 6 fois 5, 30 et 4 de retenue font 34, de 40, reste 6 qu'on place sous le 0 au dividende ; on retient 4, puis 6 fois 4, 24 et 4 de retenue 28, de 28, reste rien ; on pose 0 au-dessous de 8 au dividende, retenant 2, et puis 6 fois 6, 36 et 2, 38 de 38, reste rien. — On descend 0 à côté de 64, ce qui fait 640, et, comme ce dividende ne contient pas le diviseur, on pose 0 au quotient, et l'on descend 9 au dividende, ce qui fait 6409 ; mais ce nombre ne contient pas non plus le diviseur ; on pose encore 0 au quotient. Si l'on s'en tenait là, il résulterait que le quotient serait de 600, et qu'il y aurait un reste de 6409 unités. Ce reste est trop grand pour ne pas être réduit en dixièmes, centièmes, etc. On trace donc une virgule à la suite du quotient, qui est 600, puis ajoutant 0 au reste, ce qui fait 64090, on

continue, disant : en 64 combien de fois 6 ? 9
fois, qu'on pose au quotient, après la virgule,
puis on multiplie : 9 fois 7, 63 de 70 au dividende reste 7, qu'on pose sous le 0, et l'on retient 7 ; ensuite 9 fois 5, 45 et 7, 52 de 59 reste
7, qu'an pose sous le 9 au dividende, et l'on retient 5. Puis 9 fois, 36, et 5, 41, de 50 reste 9,
pose au dividende, et l'on retient 5, De là : 9
fois 6, 54 et 5, 59 de 64, reste 5 ; on pose 5 ; ce
qui constitue un reste de 5977 dixièmes qu'on
réduit en centièmes en y ajoutant un O. Puis on
continue : en 59 combien de fois 6 ? 9, qu'on
pose au quotient à côté des dixièmes, ce qui fait
99 centièmes. On multiplie par ce dernier : 9 fois
7, 63, de 70 reste 7, qu'on pose, et l'on retient
7 ; ensuite : 9 fois 5, 45 et 7, 52 de 57 reste 5 ; on
pose 5 et on retient 5 ; de là : 9 fois 4, 36 et 5,
41 de 47 reste 6. On retient 4 : 9 fois 6, 54 et 4,
58 de 59 reste 1. Le reste de centimes est ici de
1657, auquel on ajoute 0, pour le réduire en millièmes, et l'on continue : en 16 combien de fois
6 ? 2 fois, etc. Le quotient est de 600 unités,
999 millimes, et le dernier reste, 3656 millièmes.

5e Opération.

Divid.	579,75	190	Divis.
	0975	3,05	
	25	190	
		27450	
		305	
		25	
		579,75	

On opère : en 5 combien de fois 1 ? 3 fois : on
multiplie : 3 fois 0, 0 de 9 au dividende, reste 9 ;

puis : 3 fois 9, 27 de 27 au dividende, reste rien.
Le reste est ici 9 unités. Avant de toucher aux
chiffres qui se trouvent après la virgule, on pose
une virgule au quotient après le 3 ; puis on descend 7 au divid., ce qui fait 97, et, ce nombre
ne contenant pas le diviseur, on pose 0 au quotient à la suite de la virgule, et puis on descend
5, ce qui fait maintenant un dividende de 975
centièmes. On continue : en 9 combien de fois 1 ?
5 : 5 f. 0, de 5 reste 5 ; 5 f. 9 45, de 47 reste 2 ;
5 f. 1, 5 et 4 9, de 9 reste rien. Le quotient :
3, 05 ; et le reste : 25.

6e Opération.

69,275	71
537	0,975
405	71
50	975
	6825
	50
	69,265

Comme les 69 unités du dividende ne contiennent pas le diviseur, il s'en suit qu'il ne peut y
avoir d'unités au quotient. On pose donc 0 suivi
d'une virgule au quotient, et l'on revient de là
au divid., disant : en 692 combien de fois 71, ou
plutôt : en 69 combien de fois 7 ? 9 : 9 fois 1, 9,
de 12 reste 3 au divid., puis 9 fois 7, 63 et 1 64,
de 69 reste 5. — On descend 7, ce qui fait 537 :
en 53 combien de fois 7 ? 7 : 7 fois 1, 7 de 7,
0 au divid; ensuite 7 fois 7, 49 de 53 reste 4. —
On descend 5, ce qui fait 405 : en 40 combien de
fois 7 ? 5 : et c. Le quotient est 0,975 m.

7e *Opération.*

```
160,40  |  3009
  9950  |  0,0533
  9230  |
   203  |
```

Les unités ne contenant pas le diviseur, il résulte qu'il ne peut pas y avoir d'unités au quotient. On y pose 0 pour les unités suivi d'une virgule. De même qu'en y comprenant les dixièmes, le nombre ne contient pas encore le diviseur, on pose encore 0 pour les dixièmes au quotient. On s'avance de là jusqu'aux centièmes inclusivement, ce qui fait 160,40, et l'on dit : en 16 combien de fois 3 ? on pose 5 au quotient en la colonne des centièmes ; ensuite on multiplie : 5 fois 9, 45, de 50 reste 5 ; on retient 5 : 5 fois 0, 0, 5 de retenue de 14 reste 9 ; on retient 1 : 5 fois 0, 1 de retenue de 10, reste 9 ; on retient 1 : 5 fois 3, 15, 1 de retenue 16, de 16, 0. On ajoute 0 au reste et l'on continue : en 9 combien de fois 3 ? 3 : 3 fois 9, 27, de 30 reste 3 ; on retient 3, puis 3 fois 0, 0, 3 de retenue de 5 reste 2 : 3 fois 0, de 9 reste 9 : 3 fois 3, 9, de 9, 0, etc. Le quotient : 0 0532 dix-millièmes.

REMARQUE ESSENTIELLE.

Lorsque le diviseur contient des décimales, il faut, avant de commencer l'opération, disposer le tout, de manière que le nombre de décimales soit égal au divid. comme au divis., et réciproquement : ce qui se fait par le moyen de zéros qu'on ajoute, tantôt au divid., tantôt au divis. Le nombre de décimales se trouvant égal de chaque côté, ou ayant été rendu égal par

moyen de zéros, il faut alors barrer la virgule
de chaque côté, procéder ensuite à l'opération
comme s'il n'y avait jamais eu de décimales, et
toujours d'après les principes déjà établis. Au
dernier reste, on ajoute 0, après avoir posé une
virgule au quotient, et l'on continue, mais toujours d'après les principes établis aux trois der-
nières opérations.

EXERCICES SUR LA NUMÉRATION,

EN FRANCS ET CENTIMES.

*Ecrivez en chiffres et additionnez les nombres
suivants :*

I

1° Huit francs, vingt-quatre centimes.
2° Quinze fr., cinquante-cinq centimes.
3° Soixante-douze fr., dix-huit centimes.
4° Quatre-vingts fr., soixante-cinq centimes.
5° Soixante-trois fr., quatre-vingt-dix-huit cent.
6° Trente-deux fr., soixante-treize centimes.

II

1° Vingt-neuf fr., quatre-vingt-dix centimes.
2° Soixante-dix-sept fr., quatorze centimes.
3° Quatre-vingt-trois fr., cinquante centimes.
4° Neuf fr., soixante-dix-neuf centimes.
5° Soixante-onze fr., vingt-cinq centimes.
6° Trente-quatre fr., dix-sept-sept centimes.

III

1° Cent-douze fr., quatre-vingt-treize cent.
2° Trois cent-dix-huit fr., trente-huit cent.
3° Huit cent-cinq fr., quarante centimes.
4° Quarante-cinq fr., trente centimes.
5° Cinq cent-deux fr., vingt-six centimes.

IV

1° Soixante-trois fr., soixante-onze centimes.
2° Six cent-huit fr., quatre-vingt-dix-neuf cent.
3° Quatre cents fr., dix-neuf centimes.
4° Quatre fr., soixante-dix-huit centimes.
5° Trois cent-trois fr., cinq centimes.

V

1° Deux mille trois cent-douze fr., quatre cent.
2° Mille deux cents fr., soixante-un centimes.
3° Cinq cent-trois fr., soixante-seize centimes.
4° Quatre mille cent-dix fr., vingt-deux cent.
5° Quatre-vingt-sept fr., soixante-neuf cent.

VI

1° Cinq cents fr., quatre-vingt-quatre cent.
2° Sept mille trois cents fr., trente-un cent.
3° Cent-huit fr., cinquante-huit centimes.
4° Huit mille quinze fr., cinq centimes.
5° Six cent six fr., soixante-treize centimes.

VII

1° Douze mille deux cents fr., quatre-vingt-treize centimes.
2° Vingt-cinq mille huit fr., neuf centimes.
3° Neuf mille cent trois fr., trois centimes.
4° Seize mille fr., vingt-neuf centimes.
5° Cinq cents fr., trente-huit centimes.

VIII

1º Sept cent quatre fr., quatre-vingt-seize cent.
2º Douze mille huit cents fr., onze centimes.
3º Vingt-sept mille quatre fr., neuf centimes.
4º Onze cent douze fr., soixante-neuf cent.
5º Huit mille dix-neuf fr., dix-sept centimes.

IX

1º Trente-cinq mille fr., quarante-cinq cent.
2º Cinquante mille vingt francs, trois cent.
3º Neuf cents fr., quatre-vingt-quatre cent.
4º Soixante-douze mille cent fr., quinze cent.
5º Douze cent trente fr., dix-neuf centimes.

X

Rendez les sous en centimes.

1º Soixante-dix-huit mille deux cents francs, deux sous.
2º Huit cent un francs, quatre sous.
3º Quatre-vingt mille quarante fr., sept sous.
4º Soixante-cinq mille fr., cinq sous.
5º Treize cent quatre fr., neuf sous.

XI

1º Quatre-vingt-seize mille trois fr., six sous.
2º Soixante-dix-huit mille, quinze fr., trois s.
3º Cinquante-trois mille cent trois fr., quatre s.
4º Quatorze cent deux fr., neuf sous.
5º Soixante-cinq mille cent fr., douze sous.

XII

1º Huit mille cinq cents fr., onze sous.
2º Quatre-vingt-treize mille fr., quatorze s.
3º Cent douze mille cent trois fr., huit sous.
4º Cent quatre mille quinze fr., sept sous.
5º Six cent deux mille quatre fr., cinq sous.

XIII.

1° Sept cent trois mille douze fr., six sous.
2° Mille cent francs, dix-huit sous.
3° Quinze cent trois fr., quinze sous.
4° Neuf cent mille deux cents fr., onze sous.
5° Trois cent mille fr., dix-sept sous.

XIV

1° Seize cents fr., dix-neuf sous.
2° Sept cent un mille dix-huit fr., treize sous.
3° Huit cent mille quatre-vingts fr., seize s.
4° Cinq mille neuf cents fr., onze sous.
5° Neuf mille fr., dix-neuf sous.

XV

1° Trois cent mille quatre-vingt huit francs, treize sous.
2° Quatre cent un mille cinquante fr., dix sous.
3° Six cent vingt mille quatre fr., sept sous.
4° Sept cent mille douze fr., quatorze sous.
5° Dix-sept cents fr., dix-huit sous.

XVI

1° Dix-neuf mille dix-huit fr., cinq sous.
2° Cent mille soixante-dix-sept fr., sept sous.
3° Six cent mille trente-quatre fr., trois sous.
4° Dix-neuf cents francs, dix-neuf sous.
5° Neuf cent un mille quatre fr, seize sous.

XVII

1° Trois millions deux cent douze mille fr., un sou.
2° Cinq millions cinq cent mille trois cents fr., dix sous.
3° Huit millions deux cent mille fr., treize s.
4° Vingt-deux cents fr., dix-sept sous.
5° Trois cent mille trois cents fr., seize sous.

3*

XVIII

1° Vingt-huit millions deux cent mille francs , quinze sous.

2° Vingt mille neuf cents fr., dix-huit sous.

3° Neuf millions cent trois mille quinze francs, six sous.

4° Trente-deux millions cinq cent mille fr., un s,

5° Vingt-trois cents fr., quatorze sous.

XIX

1° Quinze mille soixante-seize fr., dix-sept s.

2° Huit cent un mille deux cents fr., onze s.

3° Cinquante millions deux cent mille fr. , un s.

4° Soixante-un millions six cents fr., douze s.

5° Vingt-quatre cents fr., dix-huit sous.

XX

1° Douze millions cent un mille cent fr., trois s.

2° Quatre-vingt millions cent mille fr., huit s.

3° Vingt-six cent un fr., quinze sous.

4° Quatre-vingt-seize millions six cent mille francs , deux sous.

5° Trois millions mille deux cents fr., treize s.

XXI

1° Soixante-treize millions deux cents fr., un s.

2° Soixante-onze millons vingt-huit francs , quinze sous.

3° Six millions soixante-dix-huit mille francs.

4° Quatre-vingt-un millions de fr., onze sous.

5° Vingt-huit cent deux fr., douze sous.

XXII

1° Neuf mille soixante-dix-neuf fr., sept sous.

2° Quatre-vingt-dix-huit millions trente fr.

3° Soixante-dix-sept millions trois cents fr.

4° Cinquante-cinq millions huit mille francs.

5° Vingt-neuf cents fr., dix-neuf sous.

XXIII

1º Dix-huit millions deux cent mille francs.
2º Quatre-vingt-douze millions huit cents fr.,
un sou.
3º Soixante mille fr., quatorze sous.
4º Cinquante-six millions deux mille francs.
5º Huit cent mille vingt-huit francs.

XXIV

1º Trois cent mille vingt-quatre francs.
2º Sept cent un mille quatre fr.
3º Quatre-vingt-six-millions douze mille fr.
4º Quinze mille soixante-dix-huit fr.
5º Soixante-seize millions six cent mille fr.

XXV

1º Huit millions quatre mille fr.
2" Cent vingt millions six cent mille fr.
3º Six cent quinze millions deux cents fr.
4º Huit cent trois millions deux cent mille fr.
5º Quarante millions vingt-huit mille francs.

XXVI

1º Sept cent soixante onze millions, deux
cents francs.
2º Trente millions cent mille francs.
3º Huit mille quatre-vingt-dix-neuf fr.
4º Six cent huit millions quinze mille fr.
5º Cinq cent trois millions quatre mille fr.

XXVII

1º Trois cent quatre millions cent mille fr.
2º Neuf cent neuf millions quinze mille cent fr.
3º Trois cent millions huit mille francs.
4º Trois cent soixante dix-neuf mille fr.
5º Huit millions cent soixante-seize francs.

EXERCICES SUR L'ADDITION

Où l'on a fait figurer toutes les unités du système métrique, avec leurs principales divisions ou fractions décimales.

I Francs.	II Francs.	III Francs.	IV Francs.
1	2	3	3
3	3	2	3
1	2	1	1
2	1	3	3
2	3	2	3
		1	3
			1

V Francs.	VI Francs.	VII Francs.	VIII Francs.
3	3	3	4
3	3	3	3
1	3	3	1
3	1	3	3
1	3	1	2
1	2	3	3
3	1	1	2

IX	X	XI	XII
Francs.	Francs.	Francs.	Francs.
4	4	4	4
3	4	4	4
3	3	4	4
5	1	2	4
1	3	3	3
3	1	2	1
1	3	5	4
3	3	3	5
	1		

XIII	XIV	XV	XVI
Francs.	Francs.	Francs.	Francs.
4	5	5	5
4	3	5	5
4	3	4	5
4	2	1	4
4	3	5	3
3	4	3	4
1	4	1	4
3	1	5	3
1	3	5	2
	2	2	

XVII Francs.	XVIII Francs.	XIX Francs.	XX Francs.
5	5	5	5
5	5	4	5
5	5	3	3
5	5	1	3
3	5	3	4
1	3	3	4
4	3	4	4
4	1	4	4
3	4	3	3
1	2	4	3
		4	1

XXI Francs.	XXII Francs.	XXIII Francs.	XXIV Francs.
5	5	5	5
3	4	5	5
3	4	4	5
4	3	4	3
4	4	4	3
1	5	1	3
5	5	3	1
3	5	4	4
3	1	4	4
4	4	4	1
3	1	1	4
2	2	3	1
		2	3

XXV	XXVI	XXVII	XXVIII
Francs.	Francs.	Francs.	Francs.
23	34	44	45
31	13	32	33
12	21	21	11
31	31	23	21
21	13	1	23
3	1	3	1
1	1	1	2
			1

XXIX	XXX	XXXI	XXXII
Francs.	Francs.	Francs.	Francs.
55	55	55	55
13	14	34	15
31	31	14	35
32	33	31	31
13	23	1	14
1	1	4	23
3	3	1	13
1	2	4	

XXXIII	XXXIV	XXXV	XXXVI
Francs.	Francs.	Francs.	Francs.
63	64	66	67
14	15	33	13
41	24	34	43
15	34	21	43
13	31	33	43
33	14	43	13
14	44	45	41
14	11	13	14
23	24	34	34
			24

XXXVII	XXXVIII	XXXIX
Francs.	Francs.	Francs.
77	267	78
134	45	355
41	43	254
14	11	31
44	43	14
14	34	41
41	144	34
313	414	441
13	31	13
44	13	14
432	424	311

XL	XLI	XLII
Francs.	Francs.	Francs.
556	666	437
36	145	154
51	341	343
413	114	131
144	341	134
41	323	344
14	43	131
41	44	331
41	211	313
313	133	431
134	231	113
421	122	344

XLIII		XLIV		XLV	
Francs	cent.	Francs	cent.	Francs	cent.
3	43	4	55	5	66
1	45	4	53	6	45
4	31	3	14	1	14
3	21	1	52	3	41
3	24	4	33	3	12
3	41	3	41	2	23
1	42	1	52	2	31
4	12	3	14	2	33
4	21	1	44	1	11
4	43	1	11	3	34
1	31	3	34	1	41
		1	23	3	14

XLVI		XLVII		XLVIII	
Francs	cent.	Francs	cent.	Francs	cent.
36	66	45	47	45	67
3	45	44	45	54	54
3	44	43	44	13	54
1	11	21	44	13	34
42	32	24	31	24	31
4	44	23	33	24	44
4	14	3	13	31	44
1	44	4	31	14	31
4	31	3	43	43	44
31	34	21	33	21	44
23	11	11	43	22	21
				33	14

XLIX.		L.		LI.	
Francs.	Cent.	Francs.	Cent.	Francs.	Cent.
456	66	566	67	167	77
456	56	56	56	146	57
11	44	33	43	251	44
53	41	32	43	153	44
34	14	414	21	534	21
41	43	41	24	414	44
44	43	314	23	144	31
313	43	31	44	331	43
44	13	44	41	454	14
314	41	12	14	141	44
44	14	143	34	144	33
342	34	14	44	233	44
		321	12	134	34
				144	31

LII.

Retranchez le premier nombre de l'exercice
LI, et remplacez-le par 376,85.

LIII.

Retranchez le premier nombre de l'exercice
LII, et remplacez-le par 664,68.

LIV.

Retranchez le troisième nombre de l'exercice
LIII, et remplacez-le par 554,52.

LV.		LVI.		LVII.	
Mètres.	Cent.	Mètres	Cent.	Mètres.	Cent.
6	45	45	66	56	77
5	76	6	55	54	54
6	14	4	45	55	54
4	53	51	24	32	23
5	41	5	43	34	52
5	13	4	34	15	23
1	34	1	41	11	35
3	21	4	34	14	41
3	44	5	14	43	44
4	43	5	43	33	54
1	13	44	34	14	31
3	41	34	33	15	44

LVIII.		LIX.		LX.	
Mètres.	Cent.	Mètres.	Cent.	Mètres.	Cent.
456	77	756	57	767	77
355	56	567	76	475	56
54	53	354	54	413	44
15	51	144	21	443	41
41	34	455	43	153	14
55	41	341	54	341	14
214	45	314	15	514	41
54	53	245	55	143	44
213	14	331	43	444	51
51	44	414	41	414	33
14	34	555	54	423	43
45	55	144	44	153	44
51	43	121	11	342	14
				313	52

LXI.		LXII.		LXIII.	
Ares.	Cent.	Ares.	Cent.	Ares.	Cent.
1	65	6	66	55	66
8	57	5	65	65	67
3	44	21	23	34	35
3	24	4	34	44	34
4	41	4	43	31	43
1	14	4	43	13	33
3	44	4	24	41	41
4	14	3	33	34	43
5	43	31	41	13	14
4	13	4	34	34	43
1	42	3	43	33	31
4	34	4	31	44	33
2	32	43	54	41	34
		4	13	21	31

LXIV.		LXV.		LXVI.	
Ares.	Cent.	Ares.	Cent.	Ares.	Cent.
576	76	176	58	767	78
454	56	55	65	565	36
415	46	55	54	135	43
515	33	31	34	143	34
351	44	41	41	134	43
34	13	414	14	444	14
33	31	25	44	143	45
41	43	45	33	131	33
21	14	53	41	343	41
53	41	51	33	214	14
34	33	32	43	134	15
13	14	311	41	134	43
33	34	13	14	431	41
221	43	423	33	143	14
211	34	451	32	114	34

LXVII.		LXVIII.		LXIX.	
Stères.	Déc.	Stères.	Déc.	Stères.	Déc.
7	6	66	7	477	8
5	7	15	8	56	6
5	4	15	3	16	4
41	1	13	3	51	1
4	5	12	1	43	3
4	3	54	2	514	4
3	3	23	5	13	3
31	1	14	3	41	5
4	4	31	4	14	4
3	4	31	4	213	1
1	4	25	1	44	3
4	1	43	3	41	4
4	3	14	4	34	4
3	3	44	1	314	1
3	4	13	3	41	3
13	3	12	3	144	4

LXX.		LXXI.		LXXII.	
Stères.	Cent.	Stères.	Cent.	Stères.	Cent.
76	67	387	77	675	86
65	58	146	56	336	58
65	43	55	55	334	53
13	14	51	31	415	55
43	44	415	45	41	45
44	41	33	55	44	13
13	44	51	51	515	35
13	13	34	15	54	21
34	24	41	45	21	43
12	31	44	55	55	51
14	44	31	13	414	14
43	33	414	45	43	31
31	23	43	41	444	13
14	43	44	13	311	32
21	34	123	14	423	33

LXXIII.		LXXIV.		LXXV.	
Litres.	Cent.	Litres.	Cent.	Litres.	Cent.
5	56	67	77	66	77
6	55	5	55	65	56
5	53	5	15	15	35
4	14	3	51	51	51
4	43	61	35	34	14
1	34	4	33	41	14
4	13	4	41	51	41
4	41	3	41	14	54
1	33	4	14	34	13
3	43	31	33	43	13
3	44	3	21	14	44
4	53	3	33	31	44
1	34	4	41	33	13
4	31	4	53	12	41
2	43	41	14	41	34
		41	44	14	14
				41	31

LXXVI.		LXXVII.		LXXVIII.	
Litres.	Cent.	Litres.	Cent.	Litres.	Cent.
667	68	756	77	676	77
666	66	654	38	666	68
21	33	455	43	146	34
25	55	33	43	551	21
41	25	314	11	314	35
313	21	41	34	331	15
13	33	14	41	143	13
32	31	33	13	114	41
43	14	33	43	141	34
11	14	41	14	414	31
14	41	414	34	114	14
44	44	43	41	114	43
31	31	311	43	441	13
34	34	41	34	313	41
144	13	14	13	534	14
352	24	442	14	341	13

LXXIX.	LXXX.	LXXXI
Kilogr.	Kilogr.	Kilogr.
67	177	788
67	68	688
65	65	556
55	513	215
34	53	551
51	55	433
14	14	145
53	53	551
32	41	355
55	35	133
33	53	145
41	314	513
55	55	344
32	45	551
45	15	415
33	51	151
13	134	145
12	421	555
		414

LXXXII.		LXXXIII.	
Kil.	Hect.	Kil.	Hect.
77	6	796	8
55	9	66	9
56	5	56	5
55	3	21	3
54	5	55	5
13	5	35	5
51	3	51	3
35	3	35	5
43	1	554	3
55	5	51	4
31	1	55	4
14	5	15	3
35	5	51	5
54	4	35	2
55	3	14	4
33	4	43	5
44	4	435	4
11	5	44	5
23	3	354	1

LXXXIV.		LXXXV.	
Kil.	Décagr.	Kil.	Décagr.
77	88	359	79
65	68	755	69
66	66	156	61
16	13	55	15
54	55	21	44
15	34	55	45
34	53	15	45
55	35	11	51
55	55	05	15
21	33	50	44
55	15	50	34
44	55	316	55
33	43	32	11
34	54	24	05
14	14	53	54
55	55	55	54
44	43	04	15
34	15	45	01
41	54	43	45
53	41	414	43
		52	14
		554	45

LXXXVI.		LXXXVII.	
Kil.	Décagr.	Kil.	Gr.
667	67	7	677
677	77	6	449
156	61	6	466
256	15	5	566
21	44	5	551
55	45	4	334
15	45	5	045
11	51	0	514
405	15	5	141
350	44	4	405
50	34	3	054
316	55	0	441
32	11	1	005
24	05	3	555
53	54	4	430
44	54	1	454
4	15	5	044
45	01	0	545
43	45	4	155
414	43	1	434
32	17	5	345
344	45	5	434

LXXXVIII.		LXXXIX.	
Kil.	Gr.	Kil.	Gr.
88	699	79	775
79	776	35	636
35	636	43	646
43	646	14	551
14	551	25	054
35	055	10	205
10	105	3	513
3	513	6	366
5	355	5	214
5	214	50	555
40	555	15	050
15	050	4	515
4	515	4	531
4	531	5	055
5	055	51	000
51	000	6	653
6	555	61	136
61	131	5	355
5	355	3	421
3	410	31	550
31	550	3	346
3	346	44	125
44	124	43	453

XC		XCI		XCII	
Francs ,	cent.	Francs ,	cent.	Francs ,	cent.
3	43	7	13	1	10
7	38	4	17	1	97
1	89	7	69	6	05
4	21	5	03	3	32
3	43	0	67	7	78
8	20	5	24	7	50
5	67	0	60	3	55
7	05	7	57	4	43
5	73	7	35	2	17
6	36	3	43	7	50
1	51	2	05	7	66
7	14	5	43	3	23
6	35	0	66	2	15
3	66	3	13	2	71
5	34	6	47	7	47
3	10	3	55	1	32
1	66	4	20	1	54
4	73	4	53	6	05
4	45	6	24	1	55
3	61	3	56	4	23
6	34	4	10	3	64
1	53	3	05	6	06
5	06	5	45	0	55
		6	45	6	34

XCIII		XCIX		XCV	
Francs	cent.	Francs	cent.	Francs	cent.
1	97	9	05	7	50
3	73	1	97	3	11
8	20	3	24	1	67
8	46	3	46	8	36
4	57	8	57	8	58
5	12	3	12	5	34
6	34	5	78	1	05
1	62	0	23	0	71
4	07	0	44	4	47
7	43	5	36	5	50
1	34	1	23	3	26
3	50	6	70	5	43
5	43	3	24	2	14
2	44	5	47	7	62
6	32	2	34	3	37
1	56	7	56	4	41
5	05	3	03	1	06
1	23	5	50	6	65
3	61	5	36	3	66
6	31	3	61	1	34
1	54	6	56	2	44
5	35	1	23	8	53
2	23	1	54	5	45
1	54	3	45		

XCVI		XCVII		XCVIII	
Francs	cent.	Francs	cent.	Francs	cent.
3	77	20	61	9	38
6	50	7	09	1	29
41	62	1	71	37	81
5	43	13	58	24	78
4	76	20	24	4	63
8	04	1	55	5	05
37	50	18	60	1	71
20	36	2	13	2	34
5	62	0	74	6	56
2	01	5	08	6	33
0	37	4	45	6	48
6	26	5	66	10	05
0	42	3	20	3	74
2	34	7	44	5	46
1	45	3	71	4	20
7	37	0	67	7	37
6	76	0	35	6	53
6	43	3	24	4	54
5	60	7	37	48	55
2	23	6	46	0	23
1	53	3	63	5	62
6	55	41	07	5	06
3	46	2	56	7	36
65	64	6	54	71	60

XCIX		C		CI	
Francs	cent.	Francs	cent.	Francs	cent.
68	88	2	44	4	56
2	17	5	09	8	30
9	30	8	76	3	57
7	04	38	42	7	03
1	75	43	05	2	78
2	34	10	30	8	51
28	05	6	66	20	50
4	12	1	66	6	34
4	50	7	35	1	33
43	13	2	24	5	45
17	26	6	73	2	32
0	72	2	15	40	06
0	07	6	42	7	03
7	34	1	56	3	47
3	52	5	06	76	64
4	24	3	31	4	55
5	63	35	44	5	16
6	20	3	50	3	70
0	35	6	26	4	45
26	54	6	16	6	36
7	35	3	23	1	23
		10	05	4	55
				0	55

CII		CIII		CIV	
Francs	cent.	Francs	cent.	Francs	cent.
3	99	8	05	6	34
137	65	10	89	7	85
4	07	7	37	123	17
5	62	6	86	408	38
7	56	245	24	2	05
72	40	36	44	6	15
8	75	3	11	4	73
443	06	4	76	6	54
2	34	7	36	71	46
3	24	611	53	60	30
2	11	3	45	3	51
7	37	6	64	0	27
102	67	1	37	337	64
61	63	212	72	0	25
6	14	7	35	3	54
4	36	43	26	5	34
2	46	5	54	102	36
6	03	5	55	7	76
14	50	543	32	3	00
5	67	6	46	45	43
303	24	1	06	6	65
6	54	5	55	4	35
5	66			224	55

5

CV		CVI		CVII	
Francs	cent.	Francs	cent.	Francs	cent.
4	59	97	05	303	49
9	17	379	88	7	93
123	93	3	69	99	56
8	38	8	37	4	33
7	52	40	85	7	58
2	79	5	46	465	78
10	55	107	05	1	23
6	43	1	72	7	80
436	32	8	38	4	36
44	78	5	43	8	78
3	56	4	77	125	05
7	43	340	14	3	44
6	57	6	55	4	52
72	43	63	67	7	67
4	37	3	06	3	75
3	73	254	11	56	06
336	04	111	67	6	54
1	46	7	74	3	47
3	22	6	45	247	07
7	70	2	16	103	84
5	35	336	73	5	35
5	66	6	37	6	42
26	54	6	56	5	67
104	65	4	65	76	66

EXERCICES SUR LA SOUSTRACTION.

1. On devait 48 fr., et l'on paie 24 fr.: combien reste-t-il à payer ?

2. On devait 67 fr., et l'on paie 33 fr.: combien reste-t-il à payer ?

3. On devait 66 fr., et l'on paie 33 fr.: combien reste-t-il à payer ?

4. On devait 96 fr., et l'on paie 52 fr.: que reste-t-il à payer ?

5. On devait 254 fr., et l'on paie 131 fr.: combien doit-on encore ?

6. On devait 197 fr., et l'on paie 74 fr.: combien reste-t-il à payer ?

7. Un particulier devait 435 fr., et paie 305 fr.: combien doit-il encore ?

8. Une personne avait acheté des marchandises pour 628 fr., et elle paie à compte 420 fr. : combien doit-elle encore ?

9. Je devais 760 fr., et je paie 355 fr. : que dois-je encore ?

10. Un individu qui me devait 870 fr., a fait faillite, et je n'ai reçu de ma créance que 346 fr. : combien ai-je perdu ?

11	Doit 1452 fr.		14	Doit 2656 fr.
	Paie 1176			Paie 1269
12	Doit 1973 fr.		15	Doit 2866 fr.
	Paie 886			Paie 2087
13	Doit 2315 fr.		16	Doit 3207 fr.
	Paie 1768			Paie 1909

17	Doit	154 fr.	10 c.		24	Doit	2670	00
	Paie	68	00			Paie	1970	25
18	Doit	271	30		25	Doit	2801	05
	Paie	177	75			Paie	1811	08
19	Doit	366	05		26	Doit	3000	00
	Paie	197	06			Paie	1200	26
20	Doit	400	37		27	Doit	3685	00
	Paie	210	98			Paie	1889	05
21	Doit	601	00		28	Doit	4168	65
	Paie	301	05			Paie	3069	98
22	Doit	930	03		29	Doit	4887	56
	Paie	630	55			Paie	3898	99
23	Doit	2538	15		30	Doit	5677	57
	Paie	1679	18			Paie	3779	89

31. On avait en magasin 1,605 mètres d'étoffe, et l'on en a vendu 926 mètres : combien en reste-t-il à vendre ?

32. On avait en magasin 1613 mètres et 50 centimètres de toile ; on en a vendu 1329 mètres : combien en reste-t-il à vendre ?

33. On avait à vendre 903 mètres de drap ; on en a vendu 615 mètres et cinq centimètres : combien en reste-t-il à vendre ?

34. On avait acheté 1644 mètres et six centimètres de mérinos ; on en a vendu 995 mètres 30 centimètres : combien en reste-t-il à vendre ?

35. On avait acheté 1803 mètres de calicot; on

n'en a reçu que 1515 mètres et sept centimètres : combien doit-on en recevoir encore ?

36. On avait en cave deux pièces de liquide, contenant ensemble 1692 litres : combien en reste-il, sachant qu'on en a vendu 913 litres 25 centilitres ?

37. On avait acheté plusieurs pièces de liquide, contenant ensemble 1314 litres : combien en reste-t-il, sachant qu'on en a vendu 1065 litres et cinq centilitres ?

38. On avait en magasin 943 kilog. et cinq hect. de marchandises, et l'on en a vendu 534 kilog. et cinq hect. : combien en reste-t-il à vendre ?

39. On avait en magasin 942 kilo. et 8 hecto de marchandises; on en a vendu 474 kilo. et 25 déca.: combien en reste-t-il à vendre ?

40. On avait en magasin 1303 kilog. et 325 gr. de marchandises; on en a vendu 1114 kilog. et cinq décag : combien en reste-t-il à vendre ?

41. On avait acheté 1440 kilog. et cinq décag. de marchandises ; on a vendu 1066 kilog. et soixante-quinze gr.: combien en reste-t-il à vendre?

42. On avait acheté 1623 kilog. et huit décag. de marchandises ; on en a vendu 1236 kilog. et cinq gr.: combien en reste-t-il à vendre ?

43. On avait acheté 1741 kilog. et 5 hecto. de marchandises; on n'en a reçu que 1365 k. et soixante-dix-huit gr.. combien doit-on en recevoir encore?

44. On avait en magasin 1824 kilo. et 05 décag. de marchandises; on en a vendu 1436 kilo. et 5 hecto.: combien en reste-t-il à vendre ?

45. On avait en magasin 1243 kilo. et huit hecto. de marchandises : on en a vendu 1055 kilo. et cinq décag : combien en reste-t-il?

46. On devait la somme de 1272 fr.. et l'on en a remboursé une partie en deux paiements : dans le premier paiement 463 fr., et dans le second 424 fr.: combien en reste-t-il à payer ?

47. On devait la somme de 1500 fr., et l'on en a remboursé une partie en deux paiements : au premier paiement 660 fr., et au second 318 fr. 50 cent.: combien reste-t-il à payer ?

48. On devait 1870 fr., et l'on a payé à compte, 1° 403 fr. 50 c.; 2° 266 fr., et 3° 701 fr. cinq cent.: combien reste-t-il à payer ?

49. On a acheté pour 3420 fr. de biens, et l'on en a payé une partie en trois paiements : dans le premier paiement 803 fr, 20 c., dans le second 700 fr., et dans le troisième 622 fr. cinq cent. : combien reste-t-il à payer ?

50. On devait la somme de 3209 fr., et l'on en a remboursé une partie en quatre paiements : dans le premier paiement 720 fr., dans le second 510, dans le troisième 662 et cinq c., et dans le quatrième paiement 204 : combien reste-t-il à payer ?

51. Une personne de 14 ans demande en quelle année elle est née ?

52. Une personne née en 1822 demande son âge.

53. Une personne née en l'année 1779 demande son âge ?

54. Une personne âgée de 38 ans demande en quelle année elle est née ?

EXERCICES SUR LA MULTIPLICATION.

55. Combien 8 pièces de 5 francs font-elles de francs ?

56. Combien de francs en 46 pièces de 2 francs ?

57. Combien 18 pièces de 5 francs font-elles de francs ?

58. Combien de francs en 84 pièces de 2 francs ?

59. Combien de mètres en 3 pièces d'étoffe, contenant chacune 64 mètres ?

60. Combien de mètres en 4 pièces de toile , contenant chacune 72 mètres ?

61. Combien de mètres en 4 pièces d'étoffe , contenant chacune 74 mètres ?

62. Combien paiera-t-on pour 68 mètres de toile, à 2 fr. le mètre ?

63. Combien paiera-t-on pour une pièce d'étoffe, contenant 76 mètres, à raison de 3 fr. le mètre ?

64. Combien paiera-t-on pour une pièce d'étoffe contenant 78 mètres, à raison de 4 fr. le mètre ?

65. On a acheté une pièce de casimir contenant 94 mètres, à raison de 4 fr. le mètre : combien faut-il payer ?

66. On a acheté plusieurs pièces de mousseline-laine, contenant ensemble 128 mètres, à raison de 3 fr. le mètre : combien coûte le tout ?

67. On a vendu une pièce de batiste contenant 154 mètres, à raison de 4 fr. le mètre : combien recevra-t-on ?

68. On a vendu plusieurs pièces de toile contenant ensemble 168 mètres, à raison de 5 fr. le mètre : combien recevra-t-on ?

69. Combien coûteront plusieurs pièces de mérinos contenant ensemble 176 mètres, à 6 fr. le mètre ?

70. Combien paiera-t-on pour plusieurs pièces de mérinos contenant ensemble 234 mètres, à raison de 7 fr. le mètre ?

71. Combien paiera-t-on pour plusieurs pièces de soie contenant 236 mètres, à 8 fr. le mètre ?

72. Combien paiera-t-on pour plusieurs pièces de tulle contenant 254 mètres, à raison de 9 fr. le mètre ?

73. Combien paiera-t-on pour plusieurs pièces de velours contenant 268 mètres, à 10 fr. le mètre?

74. Combien paiera-t-on pour plusieurs pièces de mérinos contenant 296 mètres, à 10 fr.

75. Combien paiera-t-on pour plusieurs pièces de velours contenant ensemble 298 mètres, à 11 fr. le mètre?

76. Combien paiera-t-on pour 256 kilog. de laine, à 12 fr. le kilog. ?

77. Combien coûteront 234 sacs de pommes de terre, à 13 fr. le sac ?

78. Combien coûteront 278 mètres de drap, à 14 fr. le mètre?

79. Combien coûteront 296 mètres de velours, à 15 fr. le mètre?

80. Combien paiera-t-on pour 298 mètres de drap bleu, à 15 fr. le mètre?

81. Combien paiera-t-on pour plusieurs pièces de casimir contenant ensemble 274 mètres, à 16 fr. le mètre?

82. Combien paiera-t-on pour 186 mètres de drap noir, à 16 fr. le mètre?

83. Combien paiera-t-on pour plusieurs pièces de drap vert contenant 178 m., à 17 fr. le mètre?

84. Combien paiera-t-on pour plusieurs pièces de drap de soie contenant ensemble 246 mètres, à 17 fr. le mètre ?

85. Combien paiera-t-on pour plusieurs pièces de drap contenant ensemble 257 mètres, à 18 fr. le mètre ?

86. On a acheté plusieurs pièces de casimir gris contenant ensemble 265 mètres, à raison de 18 fr. le mètre : combien déboursera-t-on?

87. On a vendu plusieurs pièces de drap gris contenant ensemble 277 mètres, à 19 fr. le mètre : combien recevra-t-on ?

88. On a acheté plusieurs pièces de drap contenant 295 mètres, à raison de 20 fr. le mètre : combien paiera-t-on ?

89. On a vendu plusieurs pièces de velours contenant 297 mètres, à raison de 20 fr. le mètre : combien recevra-t-on ?

90. Combien coûtent 357 mètres de drap, à 21 fr. le mètre ?

91. Combien coûtent 359 mètres de velours, à 22 fr. le mètre ?

92. Combien paiera-t-on pour 179 mètres de drap, à 23 fr. le mètre ?

93. Combien doit-on payer pour 157 mètres de drap, à 24 fr. le mètre ?

94. Combien doit-on payer pour 159 mètres de drap, à 25 fr. le mètre ?

95. Combien faut-il payer pour 73 mètres de drap, à 26 fr. le mètre ?

96. Combien faut-il payer pour 59 sacs de blé, à 27 fr. le sac ?

97. Combien recevra-t-on pour la vente de 37 hectolitres de grain, à 28 fr. l'hectolitre ?

98. Combien paiera-t-on pour 39 sacs de grain, à raison de 29 fr. le sac ?

99. Combien recevra-t-on pour 191 hectolitres de vinaigre, à 30 fr. l'hectolitre.

100. Combien faut-il payer pour 4 mètres 36 centimètres de toile blanche, à 2 fr. le mètre ?

101. Combien faut-il payer pour 3 mètres 54 centimètres de toile bleue, à 3 fr. le mètre ?

102 Combien faut-il payer pour 5 mètres 28 centimètres de mousseline-laine, à 4 fr. le mètre ?

103. Combien coûtent 6 mètres 48 centimètres de mérinos gris, à 5 fr. le mètre ?

104. Combien coûtent 9 mètres 12 centimètres de mérinos, à 6 fr. le mètre ?

105. Combien coûtent 11 mètres 42 centimètres de casimir, à 7 le mètre ?

106. Combien coûtent 12 mètres 50 centimètres de mérinos, à 8 fr. le mètre ?

107. Combien coûtent 13 mètres 36 centimètres de velours, à 9 fr. le mètre.

108. Combien coûtent 15 mètres 60 centimètres de velours, à 11 fr. le mètre ?

109. Combien coûtent 18 mètres 47 centimètres de drap, à 13 fr. le mètre ?

110. Combien coûtent 20 mètres 55 centimètres de drap noir, à 15 fr. le mètre ?

111. Combien coûtent 28 mètres 75 centimètres de drap bleu, à 17 fr. le mètre ?

112. Combien coûtent 30 mètres 25 centimètres de drap brun, à 19 fr. le mètre ?

113 Combien coûtent 35 mètres 89 centimètres de drap d'Elbeuf, à 20 fr. le mètre ?

114. Combien coûtent 38 mètres 61 centimètres de drap de Sédan, à raison de 21 fr. le mètre ?

115. Combien coûtent 40 mètres 81 centimètres de velours ; à 22 fr. le mètre ?

116. Combien coûtent 67 mètres 19 centimètres de drap, à 24 fr. le mètre ?

117. Combien coûtent 61 mètres 17 centimètres de velours vert, à 25 fr. le mètre ?

118. Combien coûtent 70 mètres 53 centimètres de drap, à 26 fr. le mètre ?

119. Combien coûtent 77 mètres cinq centimètres d'étoffe, à 27 fr. le mètre ?

120. Combien coûtent 81 mètres 11 centimètres de drap, à 27 fr. le mètre ?

121 Combien coûtent 80 mètres sept cent. de drap, à 28 fr. le mètre ?

182 Combien coûtent 51 mètres 60 cent. de drap vert, à 29 fr. le mètre ?

123 Combien coûtent 3 mètres 86 cent. de toile bleue, à 2 fr. 34 cent. le mètre ?

124 Combien coûtent 6 mètres 74 cent. de percale, à 3 fr 14 cent. le mètre ?

125 Combien coûtent 9 mètres 68 cent. de batiste, à 4 fr. 66 cent. le mètre ?

126 Combien coûtent 10 mètres 54 cent. de tulle , à 5 fr. 78 cent. le mètre ?

127 Combien coûtent 11 mètres 88 cent. de mérinos , à 6 fr. 34 cent. le mètre ?

128 Combien coûtent 12 mètres 50 cent. de casimir , à 7 fr. 46 cent. le mètre ?

129 Combien coûtent 13 mètres 70 cent. de mousseline , à 8 fr. 76 cent. le mètre ?

130. Combien coûtent 14 mètres 25 cent. de mérinos , à 9 fr. 88 cent. le mètre ?

131. Lorsqu'on paie 10 fr. 56 cent. pour un mètre de soie croisée , combien paiera-t-on pour 15 mètres 74 cent. ?

132. Combien coûtent 16 mètres 81 cent. de mérinos , à 11 fr. 48 cent. le mètre ?

133. Combien coûtent 18 mètres 61 cent. d'étoffe, à 12 fr. 97 cent. le mètre ?

134. Combien coûtent 20 mètres 97 cent. de velours, à 13 fr. 78 cent. le mètre ?

135. Combien coûtent 21 mètres 79 cent. de drap , à 14 fr. 75 cent. le mètre ?

136. Combien coûtent 22 mètres 87 cent. de drap vert , à 15 fr. 65 cent. le mètre ?

137. Combien coûtent 23 mètres 69 cent. de velours noir , à 16 fr. 85 cent. le mètre ?

138. Combien coûtent 24 mètres huit cent. de drap jaune , à 17 f. 60 cent. le mètre ?

139. Combien coûtent 25 mètres six cent. de drap bleu , à 18 fr. 25 cent. le mètre ?

140. Combien coûtent 26 mètres sept cent. de velours gris , à 19 fr. 80 cent. le mètre ?

141. Combien coûtent 27 mètres 9 cent. de drap bleu foncé , à 20 fr. 90 cent. le mètre ?

142. Combien coûtent 28 mètres 5 cent. de drap d'Elbeuf , à 23 fr. 50 cent. le mètre ?

143. Combien coûtent 29 mètres 3 cent. de velours à 24 fr. 50 cent. le mètre ?

144. Combien coûtent 30 mètres 11 cent. de drap, à 25 fr. 99 cent. le mètre ?

145. Combien coûtent 33 mètres 69 cent. de drap de Sédan, à 26 fr. 50 cent. le mètre ?

146. Combien coûtent 34 mètres un cent. de drap gris, à 27 fr. 50 cent. le mètre ?

147. Combien coûtent 35 mètres 80 cent. de velours rouge, à 50 fr. 50 le mètre ?

148. Combien coûtent 36 mètres 17 cent. de velours aurore, à 29 fr. cinq cent. le mètre ?

Combien coûtent 37 mètres 60 cent. de satin croisé ; à 50 fr. 50 cent. le mètre ?

150. Combien coûtent 38 mètres 40 cent. de damas blanc, à 30 fr. huit cent. le mètre ?

151. Combien coûtent 59 mètres 60 cent. de soie verte, à 10 fr. 80 cent. le mètre ?

152. Combien coûtent 40 mètres 80 cent. de damas violet, à 40 fr. 80 cent. le mètre ?

153. Combien coûtent 50 mètres 9 cent. de soie violette à 10 fr. 8 cent. le mètre ?

154. Combien coûtent 58 mètres 1 cent. de drap d'or, à 60 fr. 7 cent. le mètre ?

155. Combien coûtent 6 litres d'huile, à 1 fr. 25 cent. le litre ?

156. Combien coûtent 9 litres d'huile, à 1 fr. 30 cent. le litre ?

157. Combien coûtent 10 litres de liqueur, à 1 fr. 85 cent. le litre ?

158. Combien coûtent 16 litres de liqueur, à 2 fr. 35 cent. le litre ?

159. Combien coûtent 18 litres 50 cent. de liqueur, à 2 fr. 80 cent. le litre ?

160. Combien coûtent 20 litres 15 cent. de vin de Champagne, à 3 fr. 50 cent. le litre ?

161. Combien coûtent 21 litres et cinq cent. de vin de liqueur, à 6 fr. 50 cent le litre ?

162. Combien coûtent 37 litres cinq cent. de Champagne mousseux, à 7 fr. 5 cent. le litre ?

163. Combien coûtent 169 litres de liqueur, à 1 fr. 375 m. le litre?

164. Combien coûtent 286 litres 50 centilitres de liqueur, à 1 fr. 825 m. le litre?

165. Combien coûtent 5 stères de bois, à 14 fr. 25 c. le stère?

166. Combien coûtent 7 stères de bois, à 16 fr. 50 c. le stère?

167. Combien coûtent 3 stères sept décistères de bois, à 15 fr. le stère?

168. Combien coûtent 12 stères cinq décistères de bois, à 17 fr. 05 c. le stère?

169. Combien coûtent 26 stères ou mètres cubes de bois de charpente, à 53 fr. 50 c. le stère?

170. Combien coûtent 39 stères ou mètres cubes et 75 centistères de bois de charpente, à 56 fr. le stère ou mètre cube?

171. Combien coûtent 57 stères ou mètres cubes et cinq centist. de bois de construction, à 61 fr. 75 c. le stère?

172. Combien coûtent 4 kilogrammes de marchandises, à 2 fr. 67 c. le kilog.?

173. Combien coûtent 39 kilogrammes de café, à raison de 2 fr. 45 c. le kilog.?

174. Combien coûtent 6 kilogr. et 5 hectog. de candi, à 2 fr. 40 c. le kilog.?

175. Combien coûtent 20 kilog. 8 hectog. de cassonnade, à 1 fr. 28 c. le kilogr.

176. Combien coûtent 69 kilog. 75 décag. de sucre blanc, à 2 fr. 05 cent. le kilog.?

177. Combien coûtent 107 kilog. cinq décag. de café vert, à 2 fr. 35 c. le kilog.?

178. Combien coûtent 169 kilog. huit déc. de savon blanc, à 1 fr. 05 cent. le kilog.?

179. Combien 386 kilog. et 155 gr. de marchandise, à 3 fr. 875 m. le kilog.?

180. Combien coûtent 478 kilogr. et soixante-cinq

grammes de marchandises, à 4 fr. 625 m le kilog.?

181. Combien coûtent 596 kilog. et soixante-quinze gr de laine, à 6 fr. 47 cent. 5 m. le kil.?

182. Combien coûtent 609 kilog. et quatre-vingt-cinq gr. de laine, à 8 fr. 5 c. 65 m. le kilog.?

183. Combien coûtent 607 kilog. neuf déc. de marchandises, à 10 fr. 08 c. 75 dix-mill. le kilog.?

184. Combien coûtent 658 kilog. cinq gr. de marchandises, à 12 fr. 06 c. 25 dix-mill. le kilog.?

185. Combien coûtent 189 kilog. et sept déc. de marchandises, à 14 fr. 03 c. 75 dix-mill. le kil.?

186. Combien coûtent 706 kilog. neuf hect. de marchandises, à 16 fr. 08 c. 75 dix-mill. le kil.?

187. Combien coûtent 578 kil. six gr. de laine, à 17 fr. 08 c. et demi le kil.?

188. Combien coûtent 98 kil. soixante-cinq gr. de laine, à 19 fr. 07. c. et demi le kil.?

189. Combien coûtent 87 kil. et cinq déc. de marchandises, à 6 fr. 545 mill. le kil.?

190. Combien coûtent 67 kil. 805 gr. de marchandises, à 8 fr. 04 c. et demi le kilog.?

191. Combien coûtent 178 kil. un hect. de marchandises, à 9 fr. 03 c. et demi le kil.?

192. Combien coûtent 100 kil. 89 déc. de marchandises, à 7 fr. 03 c. 75 dix-mill. le kil.?

193. Combien coûtent 201 kil. huit déc. de marchandises, à raison de 5 fr. 01 c. 25 dix-mill. le kil.?

194. Combien coûtent 698 kil. et soixante-quinze gr. de laine, à 10 fr. 03 c. 75 dix-mill. le kil.?

195. Combien coûtent 300 kil. 9 hect. de marchandises, à 10 fr. 04 c. 25 dix-mill. le kil.?

196. Combien coûtent 6 mètres de toile coton, à 0 fr. 75 c. le mètre?

197. Combien coûtent 9 mètres de calicot, à 0 fr. 60 c. le mètre?

198. Combien coûtent 19 mètres de toile grise, à 95 c. le mètre?

199. Combien coûtent 12 mètres 25 cent. de mousseline claire, à 0 fr. 86 c. le mètre ?

200. Combien coûtent 38 mètres neuf c. de coton croisé, à 0 fr. 985 mill. le mètre ?

201 Combien coûtent 9 ltres d'huile, à quatre-vingt-seize c. le litre ?

202. Combien coûtent 28 litres et demi de genièvre, à 0 fr. 87 c. et demi le litre ?

203. Combien coûtent 36 litres et demi d'eau-de-vie, à 0 fr. 96 c. un quart le litre ?

204. Combien coûtent 40 litres un quart de liqueur, à 0 fr. 615 m. le litre ?

205. Combien coûtent 58 litres trois quarts de vinaigre, à 0 fr. 41 c. un quart le litre ?

206. Combien coûtent 8 kil. de bœuf, à 0 fr. 975 m. le kil.?

207. Combien coûtent 19 kil. et demi de veau gras, à 0 fr. 99 c. et demi le kil.?

208. Combien coûtent 28 kil. 75 déc. de beurre, à 98 c. et demi le kil.?

209. Combien coûtent 59 kil. et demi de riz, à 91 c. 25 dix-mill. le kil.?

210. Combien coûtent trois hect. ou 300 gr. de gomme, à 5 fr. 80 c. le kil.?

211. Combien coûtent 2 hect. de bois de réglisse, à 0 fr. 95 c. le kil.?

212 Combien coûtent 125 gr. de thé vert, à 17 fr. 95 c. le kil.

213. Combien un hect. et demi ou 150 gr. de laurier vert, à 0 fr. 90 c. le kil.?

214. Combien vingt-cinq gr. de laurier sec, à 1 fr. 80 c. le kil.?

215. Combien vingt gr. de jus de réglisse, à 1 fr. 90 c. le kil.?

216. Combien 1 livre ou 5 hect. de raisins, à 3 fr. 60 c. le kil.?

217. Combien coûtent deux hect. et demi

ou 250 grammes de chicorée, à 0 fr. 60 c. le kil.?

218. Lorsqu'on paie 1 fr. 90 c. pour 1 kil. de piment, combien paiera-t-on pour 25 gr.?

219. Combien soixante-quinze centimètres de satin, ruban à 0 fr. 95 c. le mètre?

220. Combien quatre-vingts centimètres de satin noir pour gilet, à 37 fr. 50 c. le mètre?

221. Combien cinquante centimètres de percale, à 87 c. et demi le mètre?

222. Combien 9 mètres de percaline, à 24 sous le mètre? (Avoir soin de réduire les sous en francs et centimes pour l'opération.)

223. Combien coûtent 6 mètres 05 cent. de calicot d'Alsace, à 25 sous le mètre?

224. Lorsque 1 mètre de mousseline coûte 30 sous, combien faut-il payer pour 29 mètres et huit cent.?

225. Combien coûtent 3 mètres 25 cent. de canevas blanc, à 31 sous le mètre?

226. Combien 10 mètres de mousseline-laine, à 39 sous le mètre?

227. Combien coûtent 19 mètres 50 cent. de mousseline claire, à 37 sous le mètre?

228. Combien 21 mètres 75 cent. de toile grise, à 40 sous le mètre?

229. Combien 11 mètres 25 cent. de toile bleue, à 49 sous le mètre?

230. Combien 17 mètres 81 cent. de mousseline brodée, à 51 sous le mètre?

231. Combien 5 litres d'huile, à 55 sous le litre?

232. Combien 16 kil. de chocolat, à 59 sous le kil.?

233. Combien 8 kil. 5 hect. de café vert, à 3 fr. et 5 sous le kil.?

234. Combien coûtent 39 mètres de mousseline claire, à 15 sous le mètre?

235. Combien coûtent 75 kil. de chicorée, à 11 sous le kil.?

236. Combien coûtent 21 kil. et soixante-quinze déc. de riz, à 18 sous le kil.?

237. Combien coûtent 8 kil. et soixante-quinze gr. de savon noir, à 13 sous le kil.?

238. Combien coûtent 63 kil. un hect. de cassonnade, à 21 sous le kil.?

239. Combien coûtent 25 kil. et demi de candi, à 41 sous le kil.

240. Combien 3 mètres 87 cent. de ruban moiré, à 3 fr. et 1 sous le mètre?

241. Combien 8 mètres et demi de galon, à sept c. et demi le mètre?

242. Combien 18 mètres et demi de cordon, à deux c. et demi le mètre?

243. Combien coûtent 49 mètres 08 cent. de lisière, à un c. et un quart le mètre ou 1 centime 25 dix-mill.?

244. Combien coûtent 25 écheveaux de fil bleu bon teint, à 03 c. trois quarts chaque, ou 03 c. 75 dix-mill. l'écheveau?

EXERCICES SUR LA MULTIPLICATION COMPOSÉE.

245. Combien coûtent 2 pièces de toile dont une contient 126 mètres et l'autre 96 mètres, à raison de 1 fr. 45 c. le mètre?

246. Combien 5 pièces d'étoffe dont une contient 130 mètres; une 125, une 113, une 104, et la cinquième 93 mètres 50 cent., à 2 fr. 07 c. et demi le mètre?

247. Combien coûtent 3 pièces d'eau-de-vie dont une contient 600 litres, une 570, et la troisième 405 litres, à 0 fr. 925 mill. le litre?

248. Combien coûtent 4 barriques de marchan-

***

dises dont une pèse 480 kil., une 477, une 477, et la quatrième 450, à raison de 3 fr. 05 c. le kil.?

249. Combien coûtent 5 caisses de marchandises, dont une pèse 65 kil., une 65 kil. et 5 hect., une 61 kil., une 60 kil. et 25 déc., et la cinquième 60 kil., à 0 fr. 925 mill. le kil.?

250. Combien coûtent 3 ballots de laine, dont un pèse 160 kil., un 156 kil. et 25 déc., et le troisième 151 kil. et vingt-cinq gr., à 12 fr. 07 c. et demi le kil.?

251. Combien coûtent 4 pièces de toile coton, contenant chacune 138 mètres 75 cent., à raison de 19 sous le mètre?

252. Combien coûtent 6 pièces de drap de même qualité, contenant chacune 73 mètres, à 20 fr. 75 mill. le mètre?

253. Combien coûtent 2 pièces de mérinos, dont une contient 69 mètres et l'autre 117 mètres 60 c. à 7 fr. 96 c. le mètre?

254. Combien coûtent 3 pièces de vin, contenant chacune 250 litres, à 37 c. et demi le litre?

255. Combien coûtent 2 tonneaux de chicorée, pesant chacun 689 kil., à 11 sous le kil.

256. Combien coûtent 8 caisses de cassonnade, pesant chacune 16 kil. et demi, à 25 sous le kil.

257. Combien coûtent 16 balles de coton, pesant chacune 289 kil. à 3 fr. 68 c. le kil?

258. Combien coûtent 12 paquets d'aiguilles, contenant chacun 200 aiguilles, à un cent. et demi pièce?

259. Combien coûte pour les droits de 2 pièces de liqueur, dont une contient 400 litres et l'autre 375 litres, à raison de 02 c. et demi de droits par litre?

260. Combien coûte pour les droits de 4 caisses de marchandises, pesant chacune 77 kil., à raison de 03 c. 75 dix-mill. de droits par kil.?

261. Combien coûte pour les droits de 2 caisses de marchandises, dont l'une contient 17 kil. [8 hect. et l'autre 12 kil., à raison de un c. un quart de droits par kil.?

262. Combien coûte pour les droits de 4 kil 75 gr. de marchandises, à raison de un c. et demi par kil.?

263. Combien pour les droits de 6 litres de liqueur, à raison de un c. 25 dix-mill. par litre?

264. Si la soie coûte 4 fr. 50 c. l'hect., combien faut-il payer pour dix grammes?

265. Combien coûte 1 pièce de vin de 240 litres, à 0 fr. 56 c. le litre, sachant qu'il se trouve à déduire auparavant 5 litres de lie ou fond?

266. Combien coûtent 3 pièces de vin contenant ensemble 690 litres, à raison de 0 fr. 28 c. le litre, sachant qu'il se trouve à déduire auparavant 16 litres de lie?

267. Combien 2 tonneaux de marchandises pesant ensemble 848 kil., à 0 fr. 975 mill. le kil., sachant qu'il se trouve à déduire auparavant 48 kil. de tare pour les tonneaux?

268. Combien coûtent plusieurs pièces de vin contenant ensemble 880 litres, à raison de 0 fr. 925 mill. le litre, sachant qu'il se trouve à déduire 25 litres de lie?

269. Combien coûtent 3 barriques de marchandises pesant chacune 609 kil. à 2 fr. 625 mill. le kil., sachant qu'il se trouve à déduire 48 kil. de tare?

270. Combien coûtent 6 caisses de raisins pesant chacune 27 kil. et six hect., à 2 fr. 075 mill. le kil., sachant qu'il se trouve à déduire auparavant 36 kil. de tare et de trait?

271. Combien coûtent 15 balles de marchandises pesant chacune 66 kil. et 75 déc., à 6 fr. le

kil., sachant qu'il se trouve à déduire auparavant 43 kil. et 5 hect. de tare pour les emballures?

272. Combien coûtent plusieurs caisses de vermicelle, pesant ensemble 189 kil., à 0 fr. 90 c. le kil., sachant qu'il se trouve à déduire 30 kil. et 5 hect. de tare et de trait ?

273. Combien coûtent 10 balles de marchandise, pesant chacune 26 kil. 5 hect., à 7 fr. 65 c. le kil., sachant qu'il se trouve à déduire auparavant 43 kil. et 5 déc. de tare pour les emballures ?

274. Combien 2 caisses de candi dont l'une pèse 13 kil. 9 hect., et l'autre pèse 12 kil. 75 déc., à 2 fr. 40 c. le kil., ayant soin de déduire 6 kil. de tare ?

275. Combien coûtent 2 tonneaux d'amidon, dont l'un pèse 610 kil. et l'autre 576 kil. et cinq déc., à 0 fr. 70 c. le kil., sachant qu'il se trouve à déduire 50 kil. de tare et de trait?

276. Combien coûtent 4 barriques de marchandises pesant chacune 386 kil. 5 hect., à 8 fr. 76 c. le kil. sachant qu'il se trouve à déduire auparavant 62 kil. et 325 gr. de tare pour les tonneaux?

277. Combien 7 caisses de figues, pesant ensemble 119 kil. et 75 gr., à 0 fr 85 c le kil., sachant qu'il se trouve à déduire 27 kil. de tare pour les caisses ?

278. Combien pour les droits de 6 tonneaux de marchandises, pesant chacun 309 kil., à raison de 07 c. et demi de droits par kil., sachant qu'il se trouve à déduire 91 kil. et 375 gr. de tare pour les tonneaux ?

279. Combien paiera-t-on pour les droits de 2 caisses de raisins, dont l'une pèse 13 kil. 5 hect. et l'autre 12 kil. 1 hect., à raison de 03 c. 75 dix-mill. par kil., sachant qu'il se trouve à déduire 4 kil. et vingt-cinq gr. de tare?

280. Combien paiera-t-on pour les droits de plusieurs balles de marchandises pesaut ensemble 27 kil , à raison de un c. un quart par kil., sachant qu'il se trouve à déduire 5 kil. et cinq déc. de tare pour les emballures ?

EXERCICES SUR LA RÈGLE DE CENT

ET LA RÈGLE D'INTÉRÊT PAR CENT.

La règle de cent et d'intérêt par cent, s'effectue au moyen de la multiplication , pourvu qu'on ait soin de retrancher deux chiffres au produit, vers la droite indépendamment des décimales qui pourraient s'y rouver.

281. Combien coûtent 650 pannes, à raison de 4 fr. 75 c. le cent ?

282. Combien coûtent huit cents carreaux de terre cuite, à 5 fr. 75 c. le cent ?

283. Combien coûtent 386 tuiles, à 3 fr. le cent ?

284. Combien coûtent 197 gaules, à 4 fr. 80 c. le cent ?

285. Combien coûtent 269 osiers , a 12 sous le cent ?

286. Combien coûtent 600 de tourteaux , à 16 fr. 75 c. le cent ?

287. Combien coûtent 800 et demi de clous, à 13 sous le cent ?

288. Combien coûtent 600 et demi d'épingles , à 3 sous le cent ?

289. Combien coûtent 75 pointes à 7 sous le cent ?

290. Combien une voiture de foin contenant 995 kil., à raison de 4 fr. 90 c. le cent de kil ?

291. Combien coûtent 180 kil. de cassonnade , à 117 fr. 50 c. le cent de kil. ?

292. Combien coûtent 570 litres de liqueur, à 97 fr. l'hect. ou le cent de litres ?

293. Combien 8 pièces d'eau-de-vie contenant chacune 480 litres, à 96 fr 50 c. l'hect.?

294. Combien coûtent 3 tonnes d'huile de 100 litre chaque, à 96 fr. l'hect.?

295. Combien coûtent 4 pièces de genièvre, dont une contient 625 litres, une 600, une 580, et la quatrième 572, à raison de 86 fr. 50 c. l'hect.?

296. Combien 2 barriques de marchandises, dont l'une pèse 600 kil., et l'autre 473 kil. et cinq hect., à 176 fr. le cent de kil ?

297. Combien coûtent 6 balles de café pesant ensemble 363 kil., à raison de 225 fr. le cent de kil.?

298. Combien coûtent 4 caisses de candi pesant chacune 38 kil. et soixante-quinze déc., à 208 fr. le cent de kil.?

299. Combien coûtent 12 pains de sucre blanc, dont un pèse 12 kil. 1 hect., un 12 kil., un 11 kil., un 11 kil., un 10, un 8, un 8, un 8, un 7 k. vingt-déc., un 7 k., un 6 kil. et 725 gr., et le douzième 6 kil. et 5 hect., à 180 fr. le cent de kil.?

300. Combien coûtent 10 tonneaux d'amidon pesant chacun 490 kil, à raison de 80 fr. le cent de kil., sachant qu'il se trouve à déduire 225 kil. de tare pour les tonneaux ?

301. Combien coûtent 9 balles de laine pesant chacune 76 kil. cinq hect, à 450 fr. le cent de kil., sachant qu'il se trouve à déduire 33 kil. de tare pour les emballures ?

302. Combien de droits paiera-t-on pour 2 barriques de marchandise pesant ensemble 950 kil., à 17 fr. par cent de kil., sachant qu'il se trouve à déduire 56 kil. 5 hect. de tare ?

303. Combien de droits paiera-t-on pour 2 caisses de marchandises, pesant chacune 13 kil.,

à raison de 7 fr. par cent de kil. sachant qu'il se trouve à déduire 8 kil. de tare ?

304. Combien de droits paiera-t-on pour 16 litres de liqueur, à 2 fr. 80 c de droits par cent de litres ?

305 Combien de droits paiera-t-on pour 3 balles de marchandises, pesant chacune 4 kil., à raison de 0 fr. 77 c. de droits par cent de kil., sachant qu'il se trouve à déduire 3 kil. 1 hecto de tare ?

306 On a placé à intérêt 2,500 fr., à raison de 5 pour 0/0 d'intérêts par an : combien recevra-t-on à l'échéance de l'année ?

307. On a placé à intérêt 1650 fr., à 4 et demi pour 0/0 l'an : combien recevra-t-on à l'échéance de l'année ?

308. On a placé à intérêt 1,200 fr. à 4 un quart pour 0/0 par an : quelle sera la rente d'une année, ensuite pour 6 mois ?

309. Quelle sera la rente annuelle de 3,000 fr. placés à 4 trois quarts pour 0/0 par an, ensuite pour 6 mois, enfin pour 3 mois ?

310. Quelle sera la rente pour 3 mois de la somme de 3,800 fr. placés à 5 pour 0/0 ?

311. Quels seront les intérêts pour 4 mois de la somme de 930 fr., à raison de 4 pour 0/0 d'intérêts par an.

312. Quels seront les intérêts pour 4 mois de la somme de 1,345 fr. 50 c., à raison de 4 pour 0/0 par an ?

313. Quels seront les intérêts pour 8 mois de la somme de 650 fr., à 5 pour 0/0 par an ?

314. Quelle rente produira la somme de 1975 fr. placés pour 9 mois, à 5 pour 0/0 ?

315. Quelle rente produira la somme de huit mille fr. placés pour 8 mois, à 5 pour 0/0 d'intérêts par an ?

316. Quels seront les intérêts pour 9 mois de la

somme de 1760 fr. 60 c., à raison de 4 1/4 pour 0/0 l'an?

317. Quels seront les intérêts de la somme de 1250 fr. placée pour 7 mois, à raison de 4 et demi pour 0/0 par an ?

318. Quels seront les intérêts de la somme de 580 fr., placée pour 7 mois, à 4 pour 0/0 par an ?

319 Quels seront les intérêts de la somme de 1700 fr., placée pour 5 mois à 4 3/4 pour 0/0 d'intérêts par an ?

320. Quels seront les intérêts pour 5 mois de la somme de 775 fr., à 4 1/2 pour 0/0 par an?

321. Quelle sera la rente pour 2 mois de la somme de 5,600 fr , placée à 5 pour 0/0 par an?

322. Quels seront les intérêts pour 2 mois de la somme de 1400 fr., placée à 4 1/4 pour 0/0 par an?

323. Quelle sera la rente pour 10 mois, de la somme de deux mille fr. placée à 4 1/2 pour 0/0 par an?

324 Quels seront les intérêts pour 10 mois, de la somme de trois mille fr., à raison de 5 pour 0/0 par an?

325. Quels seront les intérêts pour 11 mois, de la somme de quinze cent trois fr. 40 c., à 4 1/2 pour 0/0 par an ?

326. Quels seront les intérêts pour 11 mois de la somme de trois mille cent fr., à 5 pour 0/0 par an?

EXERCICES SUR LA RÈGLE DE MILLE.

La règle de mille s'effectue aussi par la multiplication, pourvu qu'on ait soin de retrancher trois chiffres au produit, vers la droite, mais toujours indépendamment des décimales qui pourraient s'y trouver.

327. Combien coûtent huit mille briques, à 14 fr. le mille?

328. Combien coûtent 16800 et demi d'ardoises, à 16 fr. 50 cent. le mille?

329. Combien coûtent 1500 plumes, à 15 fr. le mille?

330. Combien coûtent 9678 kilog. de betteraves, à 8 fr. 75 cent. le mille?

331. Combien coûtent 1875 aiguilles., à 7 fr. 80 cent. le mille?

332. Combien coûtent 6000 et demi de pointes, à 2 fr. 60 cent. le mille?

333. Combien de droits paiera-t-on pour plusieurs balles de laine, pesant ensemble 1809 kilog., à raison de 7 fr. 50 cent. de droits par mille?

334. Combien coûtent 6 voitures de betteraves contenant chacune 8200 kilog., à raison de 7 fr. 60 cent. le mille ou les mille kilog.

335. Combien coûtent 5 paquets de plumes, contenant chacun 1600 plumes, à raison de 14 fr. 75 cent. le mille?

336. Combien de droit faut-il payer pour 2 voitures de fourrage, dont l'une pèse 1100 kilog., et l'autre 980 kilog., à raison de 7 fr. 50 cent. de droits par mille kilog?

337. Combien paiera-t-on pour le transport de 6 voitures de marchandise pesant chacune 1700 kilog., à raison de 22 fr. 50 cent. par mille kilog.?

338. Combien de droits paiera-t-on pour 4 caisses de marchandises pesant chacune 38 kilog., à raison de 7 fr. 50 cent. de droits par mille kil., sachant qu'il se trouve à déduire 9 kilo et 5 hecto de tare pour les caisses ?

339. Combien de droits paiera-t-on pour 3 balles de marchandise, dont une pèse 42 kilo, une 37, et la 3.ᵐᵉ 31 kilo et six hecto, à raison de 0 fr. 775 millimes de droits par mille kilo, sachant qu'il se trouve à déduire 8 kilo de tare ?

EXERCICES DE RÉCAPITULATION

SUR LA MULTIPLICATION SIMPLE ET COMPOSÉE
ET SUR LES RÈGLES DE CENT ET DE MILLE.

340. Lorsque l'hectolitre de seigle se vend 15 fr., combien recevra-t-on pour 9 hectol. et demi ?

341. Si l'hectolitre de pois coûte 26 fr. 50 cent. combien faut-il payer pour 7 décalitres.

342. Une personne, née le 18 novembre 1805, demande son âge ?

343. J'ai acheté un verger à raison de 6700 fr. l'hectare ; si j'en cède à un ami 18 ares, combien recevrai-je ?

344. Votre père est né le 12 Janvier 1791 à 1 heure 20 minutes du matin : quel est son âge ?

345. Lorque l'hectolitre de genièvre vaut 81 fr. : combien paiera-t-on pour 2 pièces qui contiennent ensemble 985 litres environ ?

346. Combien recevra-t-on pour 853 poires, si on les a vendues à raison de 5 cent. pièce ?

347. Combien coûtent 85 cent. de ruban, à 5 sous le mètre ?

348. Combien coûtent 9 mannes de pommes de terre, à 15 sous la manne ?

349. Combien coûtent 1350 pèches, à 2 cent. et demi chaque ?

350. On demande combien il y a de jours dans 13 années, chacune de 365 jours ?

351. Combien coûtent 70 cent. de cordon, à 35 millimes, ou 3 cent. et demi le mètre ?

352. Si l'on paie 1 fr. et 5 cent. pour 1 mètre d'ouvrage, combien paiera-t-on pour 14 déci. ?

353. Un ouvrier, qui a travaillé pendant 17 j. et demi, demande combien il lui est dû, à raison de 45 sous par jour ?

354. Si le décimètre cube de marbre blanc coûte 4 fr. 20 cent., combien faudra-t-il payer pour 26 décimètres cubes ?

355. On emploie 40 ouvriers qui gagnent chacun 35 sous par jour : quelle somme faudra-t-il pour les payer après 25 jours de travail ?

356. Combien y a-t-il d'heures en 12 ans 21 j. ? (Il faut observer que l'année se compose de 365 jour et le jour de 24 heures.)

357. Un négociant a fourni à un épicier 20 pains de sucre pesant chacun 6 kilog. 25 décag., à 1 fr. 81 cent. et demi le kilog. : combien recevra-t-il ?

358. Combien y a-t-il de minutes en 14 ans, 18 jours, 11 heures ? (Il faut se rappeler que l'année est de 365 jours, le jour de 24 heures, et l'heure de 60 minutes.)

359. On a acheté trois douzaines de canifs, à 16 sous pièce : combien faut-il payer ?

360. Une personne qui respire 20 fois par minute meurt à 95 ans : combien a-t-elle respiré de fois ?

361. Quelle est la superficie de 12 planches jointes ensemble, ayant chacune 2 mètres 69 cent. de long, sur 0 mètre 30 cent. de large ?

362. Trois corbeilles pleines d'oranges en contiennent chacune 5 douzaines : combien en contiennent-elles ensemble ?

363. Quel est le nombre d'habitants d'une pe-

tite république composée de 30 villes, dont le nombre moyen d'habitants est de 12550; de 400 bourgs , de chacun 3200 habitants environ, et de 1967 villages, ayant ensemble 205675 habitants?

364. On reçoit 12 caisses de chapelets, contenant chacune 125 douzaines de chapelets ; quelle somme faut-il débourser, si on les paie à raison de 19 cent. l'un?

365. On a expédié 1325 paquets de plumes d'oie , contenant chacun 1500 plumes, à 1 cent. et demi chaque : combien recevra-t-on ?

366. On reçoit 58 paquets de plumes qui en contiennent chacun 5000, à 15 fr. le mille : combien faut-il payer?

367. Quatre caisses de couteaux en contiennent chacune 18 douzaines ; si on les paie 17 sous pièce, combien déboursera-t-on?

368. On a acheté 2 tonneaux de harengs saurs qui en contiennent chacun 500 : combien en contiennent-ils ensemble et combien paiera-t-on , à raison de 6 cent. et demi l'un?

369. Lorsque les lentilles valent 32 cent. le litre , combien paiera-t-on pour un double décalitre ?

370. Dans un bâtiment il y a 67 croisées, chacune de 14 carreau : combien faut-il payer au vitrier , à raison de 0 fr. 75 cent. par carreaux?

371. Combien faut-il payer pour une rame de papier, à 15 millimes la feuille, sachant que la rame est de 20 mains, et la main de 24 feuilles?

372. Si les Haricots valent 22 cent. le litre , combien paiera-t-on pour 3 double-litres ?

373. Une salle contient 99 carreaux sur la longueur et 67 sur la largeur : combien en contient-elle en tout ?

374. Quelle est la superficie d'un verger qui a 146 mètres de long sur 139 de large?

375. On a acheté 4 pièces de vin, dont 2 con-

tiennent ensemble 4 hectolitres et demi, la troisième 241 litres 25 cent., et la quatrième 19 décalitres 3 litres 5 cent., à 0 fr. 36 cent. le litre :
combien faut-il payer?

376. J'ai acheté 167 hectolitres 9 litres de grain
à 135 millimes le litre : combien dois-je payer?

377. On a acheté au marché 68 sacs de grain,
qui contiennent chacun 12 décalitres 5 litres :
combien faut-il payer à raison de 16 fr. 70 cent.
l'hectolitre?

378. On a conduit au marché 9 sacs de blé contenant chacun 1 hectolitre et demi, ou 1 hectolitre 5 décalitres : combien recevra-t-on si on les
vend 17 fr. 69 cent. l'hectolitre?

379. Mon boucher m'a fourni 69 kilog. 9 décag.
de bœuf, 2 morceaux de veau dont l'un pèse 3 k.
5 hectog., et l'autre 4 kilog. ; — et 2 gigots, pesant chacun 5 kilog. 75 grammes, le tout à raison de 0 fr. 65 cent. le kilog. : combien dois-je
lui payer?

380. Je dois chez le boulonger 108 pains de
2 kilog. chaque, dont la moitié à raison de 0 fr.
30 cent. le kilog. et les autres, à 0 fr. 325 milli. :
combien d'argent dois-je lui compter?

381. J'ai acheté 2 paires de bœufs à raison de
679 fr. 80 cent. la paire : j'ai payé 21 fr. 6 cent.
de frais de route, et pour les droits 9 fr. 5 cent.
par bœuf : combien ai-je déboursé en tout?

382. Lorsqu'un mètre cube contient 189 kilog.
et 7 hectog. de laine, combien un magasin qui a
768 mètres cubes pourrait-il en contenir?

383. On m'a vendu 797 stères de bois, dont la
moitié à 13 fr. 76 cent., et le reste à 16 fr. 18 cent.
le stère ; j'ai payé pour le mesurage 15 cent. par
stère : combien ai-je déboursé pour le tout?

384. Un marchand de bois a vendu à un menuisier 358 planches de chacune 3 mètres, dont

la moitié en cerisier à 0 fr. 95 cent. le mètre , et les autres en frêne à raison de 0 fr. 78 cent. : combien coûte le tout ?

385. Un marchand fruitier a acheté 6 caisses de raisins secs, qui contiennent chacune 117 kilog. 25 décag. , à raison de 3 fr. 378 millimes le kilog. il a payé pour les droits 15 cent. par kilog., et pour le port de chaque caisse 6 fr. 7 cent. et demi : combien doit-il débourser pour le tout ?

386. Un particulier a acheté 27 mètres de drap à 17 fr. 95 cent. le mètre, — 64 kilog. de sel à 0 fr. 35 cent. le kilog., — 89 hectol. de vin à 0 fr. 31 cent. et demi le litre, — 37 stères 8 décis. de bois, à 16 fr. 89 cent. le stère : combien doit-il payer ?

387. Un entrepreneur qui a trois associés, donne au premier 6 fr. par jour , au second 5 fr. 25 , et au troisième 3 fr. 70 cent : combien doit-il à chacun et combien en tout, sachant qu'ils ont travaillé pendant 9 semaines, excepté les dimanches?

388. Un maître ouvrier a 4 compagnons pour une entreprise : le premier lui laisse un bénéfice de 2 fr. par jour, le second de 1 fr. 60 cent., le troisième de 0 fr. 90 cent. et le quatrième de 0 fr. 60 cent. aussi par jour : quel gain lui donne chaque ouvrier au bout de 6 semaines, et quel est son gain total ?

389. Un petit marchand a acheté 48 assiettes à 0 fr. 16 cent l'une, — 12 pots à 0 fr. 85 cent.,— 60 verres à 8 cent., — 13 plats à 0 fr. 82 cent.,— 28 bouteilles à 8 centimes,— Il a revendu les assiettes 0 fr. 22 cent. et demi , — les pots 19 sous, — les verres 2 sous, — les plats 19 sous, — et les bouteilles 2 sous : combien a-t-il gagné sur le tout?

390. Un marchand a acheté 358 hectolitres de vin , à 25 fr. l'hectol., il les revend en gros 29 c. le litre : combien gagne-t-il ?

391. On a acheté 167 hectolitres d'huile à 0 fr. 70 centimes le litre, — 98 kilog. de chicorée à 0 fr. 525 millimes le kilog , — 78 kilog. de sucre à 1 fr 90 cent. le kilog., — 10 kilog. de poivre à 4 fr. 05 cent. le kilog. — On a revendu l'huile 18 sous le litre, — la chicorée 12 sous le kilog. — le sucre 2 fr. 20 le kilog. — le poivre 4 fr. 80 c. le kilog. : combien a-t-on gagné ?

392. On a acheté 3 sacs de haricots, qui en contiennent chacun 1 hectolitre et demi, ou 15 décalitres, à raison de 22 fr. 50 cent. l'hectolitre : si on les revend 0 fr. 27 cent. le litre, combien gagne-t-on ?

393. On a acheté deux pièces de liquide, dont l'une contient 589 litres, et l'autre 4 hectol. 1/2, à raison de 86 fr. l'hectol. ou le cent de litres : si on les revend 19 sous le litre, combien gagne-t-on sur le tout ?

394. On a acheté 6 barriques de marchandise dont 4 contiennent chacune 675 kilog. , et les 2 autres 590 aussi chacune, à raison de 196 fr. le cent de kilog. : si on les revend 41 sous le kilog., combien gagne-t-on ?

395. On a acheté 3 caisses de fourchettes, qui en contiennent chacune 15 douzaines, à raison de 56 sous la douzaine : si on les revend 3 fr., combien gagne-t-on ?

396. On a acheté 6 caisses de couteaux, qui en contiennent chacune 20 douzaines, à raison de 7 fr. la douzaine : si on les revend 17 sous pièce, combien gagne-t-on ?

397. On a acheté 4 sacs de riz, qui en contiennent chacun 1 hectolitre et demi, à raison de 38 fr. l'hectolitre ; on a payé pour le transport 2 fr. 40 c. par hectolitre : quel sera le bénéfice si on le vend 9 sous le litre ?

398. On reçoit 5 ballots de bas, contenant cha-

cun 25 douzaines de paires, à raison de 31 sous la paire : on a payé 3 fr. de port par ballot., si on les revend 34 sous la paire, quel sera le bénéfice ?

399. Un marchand vient de recevoir 3 ballots de mouchoirs : chaque ballot en contient 25 pièces, et chaque pièce contient 12 mouchoirs : il a payé chaque pièce 4 fr. 20 c.; s'il revend ces mouchoirs neuf sous, combien gagnera-t-il sur le tout ?

400. On a reçu 4 caisses de vis, qui en contiennent chacune 20 paquets, et chaque paquet 160 : on les a payées à raison de 2 fr. 25 c le 100; quel sera le bénéfice si on les revend 03 c. pièce ?

401. On a acheté 20 caisses de marchandises pesant chacune 83 kil., à raison de 187 fr. le quintal ou 100 de k. : si on les revend 45 sous le k., combien gagnera-t-on sur le tout, sachant que l'on accorde 10 kil. de tare et de trait par chaque caisse ?

402. On a acheté 4 pièces de vin de même qualité, dont une contient 375 litres pour la somme de 160 fr., une contient 360 litres pour 150 fr., une 3 hect. pour 140 fr., et la quatrième 3 hect. à 0 fr. 40 c. le litre : si on les revend 12 sous le litre, quel sera le bénéfice, sachant qu'il se trouve à déduire 5 litres de lie par pièce ?

403. On a acheté 18 caisses de marchandises pesant chacune 79 kil., à raison de 198 fr. le quintal : on a payé pour les droits 4 fr. 17 c. par quintal; quel sera le bénéfice, si on vend le kil. quarante-quatre sous, et si l'on accorde 150 kil. de tare et de trait sur le tout ?

404. On reçoit 3 pièces de vin, dont une contient 335 litres pour 131 fr., une 118 litres pour 40 fr., une 100 litres pour 35 fr. : si on les revend 50 fr. l'hect., quel sera le bénéfice, sachant que l'on accorde 6 litres de fond par pièce ?

405. Un épicier a acheté 16 balles de marchandises, dont 10 pèsent chacune 67 kil., et les 6 autres pèsent ensemble 301 kil. et 5 déc., à raison de 95 fr. 70 c. le quintal : s'il les revend 106 fr. le quintal, quel sera le bénéfice, sachant qu'on lui accorde 6 kil. de tare et de trait par balle !

406. Un marchand a acheté 4 pièces de vin : une contient 3 hect 32 litres pour la somme de 115 fr, une 2 hect. 2 déc. à 0 fr. 36 c. le litre, une 2 hect. à 0 fr. 33 c. le litre, une 110 litres pour 35 fr., s'il les revend 45 fr. l'hect, combien gagne-t-il sur le tout ?

407. On a acheté 4 pièces de genièvre dont une contient 586 litres, et les trois autres chacune 410 litres : on a payé 1,700 fr. d'achat pour toutes, et 3 fr. 80 c. de droits pour chaque pièce : quel sera le bénéfice net, si on les revend 22 sous le litre ?

408. On a conduit au marché 4 sacs de pois de suc, contenant chacun 1 hect. 4 déc. : quel sera le bénéfice si on les revend 6 sous le litre, sachant qu'on les avait achetés 26 fr. 30 c. l'hect.

409. On a reçu 5 pièces d'eau-de-vie, dont 2 contiennent chacune 575 litres, et les autres contiennent ensemble 15 hect. 3 déc. 5 litres : on a payé 1,994 fr. d'achat pour toutes, et 7 fr. 22 c. de droits pour chaque pièce, quel sera le bénéfice si on les revend 21 sous le litre ?

410. On a reçu 4 tonneaux de riz, dont 2 contiennent ensemble 667 kil., et les 2 autres contiennent aussi ensemble 550 kil : on a payé 1.312 fr. d'achat pour tous. 4 fr. 05 c. de port par tonneau, et 3 fr. de courtage ou commission pour tous : quel sera le bénéfice si on les revend 25 sous le kil.?

411. On a acheté 6 pièces d'eau-de-vie, dont 4 contiennent chacune 680 litres, et les 2 autres con-

tiennent aussi chacune 5 hect. 95 litres pour lesquelles on a payé 85 fr. par hect. : quel sera le bénéfice si on les revend 22 sous le litre, sachant qu'on a payé 2 fr. 83 c. de droits par hect.?

412. On reçoit 4 ballots de fil, qui en contiennent chacun 150 poignées, chaque poignée 10 écheveaux : on les a payés à raison de 0 fr. 15 c. la poignée ; si on les revend 0 fr. 025 m. l'écheveau, combien gagnera-t-on ?

413. On a acheté 2 ballots de chaussettes : chaque ballot contient 25 paquets, et chaque paquet 24 paires de chaussettes : quel sera le bénéfice du vendeur si, les ayaut achetées 6 sous la paire, il les revend 7 sous?

414. On reçoit 3 ballots de jarretières élastiques : chaque ballot en contient 24 paquets, et chaque paquet 12 douzaines de paires : si on les revend cinq sous la paire, combien gagne-t-on, sachant qu'on les a achetées 0 fr. 20 c. la paire ?

415. On a acheté 2 ballots de chaussons : chaque ballot en contient 30 paquets, chaque paquet en contient 10 douzaines de paires : combien gagne-t-on, si on les revend 16 sous la paire, sachant qu'on les a achetées 0 fr. 66 c.?

416. On a acheté 200 assiettes en porcelaine, à 0 fr. 36 c. chaque ; — 25 carafes, à 0 fr 68 c. chaque ; — 250 verres, à 0 fr. 13 c.; — 40 pots, à 0 fr. 75 c.; — 600 bouteilles, à 0 fr. 175 m.; — 19 plats, à 0 fr. 80 c.; — on a revendu les assiettes 9 sous, — les carafes 17 sous, — les verres 3 sous, — les pots 18 sous, — les bouteilles 4 sous, — et les plats 19 sous : quel sera le bénéfice?

417. Un ouvrier qui a travaillé 36 jours un quart, à raison de 35 sous par jour, demande quelle somme il devra toucher pour les 36 jours un quart de travail ?

418. On a acheté 186 kil. de café, à 2 fr. 40 c.

le kil.; — 160 kil. de cassonnade à 1 fr. 17 c.; —
12 pains de sucre blanc pesant ensemble 78 kil.
6 hect., à 1 fr. 55 c.; — 200 kil. de savon. à 0 fr.
60 c ; — on a revendu le café 56 sous le kil , —
la cassonnade 26 sous, — le sucre blanc 34 sous,
— et le savon 14 sous : quel sera le bénéfice ?

419. On a acheté 2 caisses de couteaux , dont
l'une contient 25 douzaines de couteaux, à 13 fr.
la douzaine, et l'autre aussi 25 douzaines, à 10 fr.
50 c.; — 6 paquets de fourchettes qui en contiennent chacun 13 douzaines, à 3 fr 25 c. la douzaine; — 8 paquets de cuillers, chacun de 125, à
0 fr. 40 c. pièce ; — 2 caisses de canifs qui en
contiennent 40 chacune, à 0 fr 85 c. pièce : — on
a revendu les couteaux de la première caisse 15
fr. la douzaine, — ceux de la deuxième caisse 12
fr., — les fourchettes 4 fr. la douzaine , — les
cuillers 10 sous pièce , — et les canifs 20 sous :
quel sera le bénéfice ?

EXERCICES SUR LA DIVISION.

420. En 96 combien de fois 3 ou combien de
fois le nombre 3 est-il contenu dans 96 ?

421. Combien de fois le nombre 2 est-il contenu dans 78 ?

422. Combien le nombre 3 est-il contenu de
fois dans 84, ou bien partagez le nombre 84 en 3
parts ?

423. Partagez 172 fr. en 4 parts ?

424. Divisez 264 fr. en 4 parts, ou entre 4 personnes ?

425. Partagez 315 fr. en 5 parts, ou entre 5
personnes, et dites quelle sera la part de chacune?

426. Partagez 948 fr. en 4 parts, ou entre
4 personnes , et dites quelle sera la part de chacune?

427. Partagez 1,366 fr. en 5 parts , ou entre 5 personnes.

428. Partagez 1,948 fr. en 6 parts, ou entre 6 personnes.

429. Partagez 2,279 fr entre 6 personnes, et dites quelle sera la part de chacune, en francs et centimes.

430. Partagez 3,615 fr. en 6 parts ou entre 6 personnes.

431. Partagez 3,649 fr. entre 6 personnes.

432. Partagez 5,049 fr. entre 7 personnes.

433. Partagez 6,322 fr entre 7 personnes.

434. Partagez 8,439 fr. 70 c. entre 8 personnes.

435. Partagez 16,095 fr. 65 c. entre 8 personnes.

436. Partagez 27,019 fr 70 c. entre 9 personnes, et dites quel sera la part de chacune.

437. Partagez 30,871 fr. 95 c. entre 9 personnes.

438. Partagez 34,564 fr. 20 c. entre 10 personnes.

439. Partagez 40,073 fr. 92 c. entre 10 personnes.

440. Partagez 44,567 fr. 70 c. entre 11 personnes.

441. Partagez 49,357 fr. 69 c. entre 12 personnes.

442. Partagez 49,587 fr. 79 c. entre 12 personnes.

443. Partagez 48,897 fr. 69 c. entre 12 personnes.

444. Partagez 51,267 fr 675 m. entre 12 personnes.

445. Partagez 54,362 fr. 80 c. entre 12 personnes.

446. Partagez 54,467 fr. 80 c. entre 12 personnes.

447. Partagez 55,661 fr. 85 c. entre 12 personnes.

448. Partagez 58,188 fr. 90 c. entre 12 personnes.

449. Partagez 58.167 fr. 15 c. entre 13 personnes.

450. Partagez 60,408 fr 30 c. entre 13 personnes.

451. Partagez 61,137 fr 47 c. entre 13 personnes.

452. Partagez 63,119 fr. 38 c entre 14 personnes.

453. Partagez 66,637 fr. 67 c. entre 15 personnes.

454. Partagez 70,317 fr. 48 c. entre 16 personnes.

455. Partagez 71,686 fr. 37 c, entre 16 personnes.

456. Partagez 73,307 fr. 22 c. entre 17 personnes.

457. Partagez 76,133 fr. 425 m. entre 18 personnes.

458. Partagez 77,507 fr. 125 m. entre 19 personnes.

459. Partagez 82,763 fr. 35 c. entre 20 personnes.

460. Partagez 86,017 fr 45 c. entre 20 personnes.

461. Partagez 90,763 fr. 35 c. entre 21 personnes.

462. Partagez 93,219 fr. 50 c. entre 22 personnes.

463. Partagez 98,130 fr. entre 23 personnes.

464. Partagez 120,750 fr. entre 24 personnes.

465. Partagez 122,070 fr. entre 26 personnes.

466. Partagez 122,760 fr. entre 28 personnes.

467. Partagez 125 079 fr. entre 30 personnes.

468. Partagez 130,760 fr. entre 34 personnes.

469. Partagez 132.175 fr. entre 35 personnes.

8

470. Partagez 134,405 fr. entre 37 personnes?

471. Partagez 138,810 fr. 95 c. entre 39 personnes.

472. Partagez 144,400 fr. entre 44 personnes.

473. Partagez 180,109 fr. 69 c. entre 48 personnes.

474. Partagez 200,720 fr. entre 55 personnes.

475 Partagez 230,709 fr. 50 c. entre 59 personnes.

476. Partagez 234,425 fr. entre 67 personnes.

477. Partagez 276,005 fr. 05 c. entre 78 personnes.

478. Partagez 333,106 fr. 95 c. entre 88 personnes.

479. Partagez 374,417 fr. 15 c. entre 96 personnes.

480. Partagez 392,011 fr. 30 c. entre 98 personnes.

481. On a payé 120 fr. 75 c. pour 7 mètres de drap : à combien revient le mètre?

482. On a payé 60 fr. 40 c. pour 8 mètres de mérinos : à combien revient le mètre?

483. On a acheté 9 mètres de toile bleue pour lesquels on a payé 19 fr. 35 c.: combien coûte le mètre?

484. 13 mètres de velours ont été payés 360 fr. 70 c.: combien coûte le mètre?

485. 18 mètres de casimir coûtent 99 fr. 55 c.: combien le mètre?

486. Lorsqu'on paie 63 fr. 49 c. pour 25 mètres de toile, à combien est-ce le mètre?

487. On a fait fabriquer une pièce de drap de 38 mètres de long, pour laquelle on a dépensé 404 fr. 20 c.: à combien revient le mètre?

488. On a fait fabriquer une pièce de drap contenant 57 mètres pour laquelle on a dépensé 913 fr. 69 c.: à combien revient le mètre?

489. On a fait fabriquer une pièce d'étoffe contenant 68 mètres, pour laquelle on a dépensé 203 fr.: à combien revient le mètre?

490. On a acheté une pièce de drap de 77 mètres, qui a coûté, tous frais compris, 833 fr. 80 c : combien le mètre?

491. On a fait fabriquer une pièce de toile, ayant 86 mètres de long, pour laquelle on a déboursé 120 fr. 125 m.: à combien revient le mètre?

492. Une pièce de drap de 89 mètres, coûte 20,17 fr.: combien le mètre?

493. On a payé 1,988 fr. 50 c. pour 97 mètres de velours : à combien est-ce le mètre?

494. On a acheté une pièce de casimir gris contenant 99 mètres, pour laquelle on a déboursé 994 fr. 95 c.: à combien revient le mètre?

495. On a fait fabriquer une pièce de toile de 126 mètres de long, pour laquelle on a dépensé 179 fr. 175 m.: à combien revient le mètre?

496. On a acheté une pièce d'étoffe contenant 124 mètres, pour la somme de 309 fr. 20 c. : à combien est-ce le mètre?

497. Une pièce de satin noir contenant 138 mètres, a coûté 3,029 fr. 25 c.: combien coûte le mètre?

498. On a reçu 2 pièces de velours noir, contenant ensemble 168 mètres, pour lesquelles on a déboursé 1,691 fr. 475 m. : à combien revient le mètre?

499. On a fait fabriquer plusieurs pièces d'étoffe, qui contiennent ensemble 269 mètres, pour lesquelles on a payé, tous frais compris, 289 fr. 325 m. : combien coûte le mètre?

500. On a payé 4,090 fr. 60 c. pour plusieurs pièces de mérinos, contenant 567 mètres : combien coûte le mètre?

501. On a fabriqué plusieurs pièces de toile, qui

contiennent ensemble 675 mètres, pour lesquelles on a déboursé 723 fr. 125 m. : combien coûte le mètre ?

502. On a acheté une pièce de calicot de 88 mètres, pour laquelle on a payé 79 fr. 225 m. : à combien revient le mètre ?

503. On a fabriqué plusieurs pièces d'étoffe contenant ensemble 789 mètres, pour lesquelles on a déboursé, tous frais compris, 719 fr. 425 m. : à combien revient le mètre ?

504. On a fait fabriquer plusieurs pièces de toile, contenant ensemble 1,345 mètres, pour lesquelles on a déboursé 3,854 fr., 225 m. : à combien revient le mètre ?

505. On a acheté plusieurs pièces d'étoffe contenant ensemble 2,087 mètres, qui ont coûté 18.190 fr. 625 m. : combien le mètre ?

506. On reçoit plusieurs barriques de marchandise pesant ensemble 4378 kilog., pour lesquels on a payé 9103 fr. : à combien revient le kilog ?

507. On a acheté plusieurs pièces de liqueur, contenant ensemble 6189 litres, pour lesquels on a payé, tous frais compris, 5661 fr. 20 cent. : à combien revient le litre ?

508. On a reçu plusieurs caisses de marchandise pesant ensemble 12589 kilog. qui ont coûté 50119 fr. : combien le kilog. ?

509. On a acheté 16709 litres de genièvre pour lesquels on a déboursé, tous frais compris, 12003 f. combien coûte le litre ?

510. On a acheté un bateau de marchandise contenant 20789 kilog. de marchandise : si l'on paie pour ce bateau, tous frais compris, 19119 f. : à combien revient le bilog. ?

511. On a fabriqué pendant une année 29080 k. de marchandise : à combien revient le kilogr., si les frais se montent à la somme de 261031 fr. ?

512. On a en magasin 31789 kilog. de laine , estimés, tous frais compris, 626219 fr. : combien coûte le kilog.

513. Un marchand a renfermé plusieurs pièces de vin , contenant ensemble 659 litres , dont les frais d'achats et autres se montent à la somme de 221 fr. 10 cent. : à combien revient le litre ?

514. On a reçu plusieurs pièces de faveur contenant ensemble 658 mètres , pour lesquelles on a payé 60 fr. 425 millimes : à combien revient le mètre ?

515. 1589 mètres de cordon ont coûté 63 fr. 475 millimes : combien le mètre ?

516. Plusieurs pièces de galon, contenant 909 m. ont coûté 61 fr. 125 millimes : à combien revient le mètre ?

517. On a acheté à un promeneur un paquet de fil à coudre , contenant 1786 écheveaux : on voudrait savoir à combien revient l'écheveau , si l'on paie 21 fr. 4375 millimes ?

518. On a acheté 11 paquets d'aiguilles qui en contiennent ensemble 3569 : à combien revient chaque aiguille , si l'on a payé 62 fr. pour tout ?

519. On a payé 42 fr. 50 cent. pour 7 mètres 75 cent. de mousseline laine : à combien revient le mètre ?

520. On a payé 160 fr. 50 cent. pour 8 mètres 60 cent. de drap : à combien revient le mètre ?

521. 12 stères 60 cent. de bois ont coûté 198 fr. 50 cent. combien le stère ?

522. On a payé au menuisier 160 fr. 85 cent. pour 25 mètres 68 cent. de boiserie : à combien revient le mètre ?

523. On a acheté 138 mètres 60 cent. de toile : à combien revient le mètre si on a déboursé 181 f. 50 cent. ?

524. 346 mètres 90 cent. de toile coton ont été

payés 299 fr. 45 cent. : à combien revient le mètre?

525. On a payé 16096 fr. 46 cent. pour 760 m. 68 cent. d'étoffe : à combien revient le mètre?

526. 124 fr. 31 cent. sont le prix de 726 mètres 68 cent. de cordonnet en soie : à combien revient le mètre ?

527. 1888 kilog. et 7 décag. de marchandise, ont été payés 1309 fr. 45 cent. : à combien revient le kilog. ?

528. 614 fr. 325 millimes sont le prix de 92 m. 68 cent. de casimir : à combien revient le mètre?

529. 688 kilog. et 25 décag. de beurre ont été payés 1399 fr. 4375 millimes : à combien revient le kilog. ?

530. On a reçu 1239 mètres 68 cent. de drap, pour la somme de 15970 fr. 8375 millimes : à combien revient le mètre?

531. On a acheté 569 hilog. 8 hectog. de café, pour la somme de 1307 fr. 4375 millimes : à combien revient le kilog. ?

532. 939 kilog. 6 hect. de riz ont coûté 897 fr. 375 millimes : combien le kilog. ?

533. 1765 kilog. 8 hect. de sel ont été payés 788 fr. 375 millimes : à combien revient le kilog?

534. On a payé 607 fr. 6875 millimes pour 629 kilog. 9 hect. de figues : à combien revient le kilog.

535. 860 kilog. et 5 décag. de marchandise ont coûté 3518 fr. 875 millimes : combien le kilog. ?

536. 609 kilog. 5 décag. d'amidon ont coûté 501 fr. 2875 millimes : combien le kilog.

537. 891 kilog. 25 décag. de savon blanc ont coûté 778 fr. 775 millimes : combien le kilog. ?

538. On a payé 759 fr. 4375 millimes pour 719 kilog. et 308 grammes de riz, à combien revient le kilog. ?

539. On a acheté 807 kilog. et 506 grammes de marchandise , pour lesquels on a payé 1907 fr. 3125 millimes : à combien revient le kilog. ?

540 On a acheté 670 kilog et 119 grammes de laine. qui ont coûté, tous frais compris, 14802 fr. 4125 millimes : à combien revient le kilog ?

541. 917 kilog 8 hect. de vermicelle ont été payés 827 fr 5875 millimes : à combien revient le kilog. ?

542. 670 kilog, et 509 grammes de marchandise ont coûté tous frais compris, 652 fr. 4125 m. combien le kilog.

543. On a fait fabriquer plusieurs pièces de toile , ayant ensemble 1209 mètres 78 cent. pour lesquelles on a dépensé 1911 fr. : à combien revient le mètre ?

544 On a acheté 669 kilog. 8 hect. de sucre candi pour lesquels on a payé 1652 fr. : combien coûte le kilog. ?

545. On a fait fabriquer plusieurs pièces d'étoffe contenant ensemble 795 mètres et 8 cent. , pour lesquels on a dépensé 738 fr. : à combien revient le mètre ?

546. On a acheté plusieurs tonnes d'huile, qui contiennent ensemble 1193 litres : à combien revient le litre sachant que les frais d'achat et de transport se montent à 1023 fr. ?

547. On a acheté plusieurs caisses de marchandise, pesant ensemble 796 kilog. 8 décag. : à combien revient je kilog. si les frais d'achat et autres se montent à 3099 fr. ?

548. On a acheté plusieurs balles de marchandise, contenant ensemble 1508 kilog. et 7 hect. : à combien revient le kilog., sachant que les frais d'achat et autres se montent à 1469 fr.

549. On a reçu plusieurs caisses de marchandise, contenant ensemble 992 kilog. 7 décag , pour

lespuels on a dépensé 899 fr. : à combien revient le kilog.

550. Plusieurs balles de marchandise, contenant ensemble 1608 kilog. et 25 grammes, ont coûté 6569 fr. : combien le kilog. ?

551. 872 kilog. et 27 grammes de riz ont coûté 809 fr. : combien le kilog ?

552. Plusieurs pièces de cordon, contenant ensemble 177 mètres 8 cent. ont coûté 6 fr. 925 m. combien le mètre ?

553. On a payé 26 fr. 3125 millimes pour plusieurs pièces de galon contenant ensemble 378 m. 9 cent. : à combien revient le mètre ?

554 677 mètres 5 cent. de cordon ont coûté 12 fr. 275 millimes : combien le mètre ?

555. 776 mètres 80 cent., de faveur, ont coûté 46 fr. : combien le mètre ?

556. Lorsqu'on paie 21635 fr. pour 3 hectares 27 ares 9 centiares de terrain, à combien est-ce l'are ?

557. Si l'on paie 758 fr. pour 12 kilog. et 3 h. de soie, à combien est-ce l'hecto ?

558. Lorsque le mètre de galon en or fin coûte 16 fr. 80 cent., combien le décimètre ?

559. Lorsqu'on paie le litre de liqueur 5 f. 30 c. à combien revient le décilitre ?

EXERCICES SUR LA DIVISION COMPOSÉE.

560. On a fait fabriquer 2 pièces de toile, dont l'une contient 148 mètres et l'autre 90 mètres : on les estime, tous frais faits, 316 fr. 15 c. : à combien revient le mètre ?

561. On a fait fabriquer 2 pièces d'étoffe, dont l'une contient 108 mètres et l'autre 98 mètres 25 cent. : à combien revient le mètre, si les dépenses se montent à 201 fr.?

562. On a acheté 3 pièces de drap , contenant chacune 96 mètres, pour lesquelles on a déboursé 6,160 fr. : à combien revient le mètre ?

563. 6 pièces de drap , de chacune 73 mètres 6 cent., ont coûté 5,903 fr. : combien le mètre?

564. On a acheté 8 pièces de drap , contenant chacune 123 mètres : on a payé 12.986 fr. d'achat et 60 fr. 05 c. d'autres frais : à combien revient le mètre ?

565 On a acheté 7 pièces de drap, de 78 mètres 50 cent. chacune : on a payé pour chaque pièce 1,066 fr. d'achat, plus 13 fr. de port aussi par pièce, et 5 de courtage ou commission pour toutes : à combien revient le mètre ?

566. On a reçu 10 pièces d'étoffe , contenant chacune 135 mètres : on a payé pour chaque pièce 186 fr. d'achat, et 2 fr. 25 c. pour les droits aussi par pièce, plus 12 fr. 80 c. de port et autres frais pour toutes : à combien revient le mètre ?

567. On a acheté 4 pièces de vin qui contiennent chacune 275 litres : on a payé pour toutes 307 fr. d'achat, et pour chaque 6 fr. de port , 3 fr. 12 c de droits, et 1 fr. 50 c. pour les domestiques aussi par pièce : à combien revient le litre ?

568. On reçoit 7 pièces d'étoffe, de chacune 99 mètres 8 cent.: on a payé pour chaque pièce 187 fr d'achat et 2 fr. pour les droits, plus 8 fr. 35 c. de port pour toutes : combien doit-on vendre le mètre de cette étoffe pour avoir 5 fr. de bénéfice sur chaque pièce ?

569. On a acheté 7 pièces de liqueur , qui contiennent chacune 615 litres : on a payé pour chaque pièce 207 fr. d'achat , 9 fr. 25 c. de port, 3 fr. 17 c. pour les droits, et l'on voudrait gagner 10 fr. aussi par pièce : combien faut-il vendre le litre ?

570. On a reçu 6 caisses de raisins, dont une

9

contient 25 kil. de raisins, une 25 kil., une 23 kil.
4 hect., une 22 kil., une 21 kil., et la sixième 20
kil. : on a payé 180 fr. d'achat pour toutes, 2 fr.
60. de port pour chaque caisse, 1 fr. 12 c. pour
les droits par chaque caisse, 6 fr. de commission
pour toutes, et 11 fr. 35 c. d'autres frais : à combien revient le kil.?

571. On a acheté 10 balles de marchandises pesant ensemble 1,500 kil.: on a payé pour chaque
balle 110 fr. d'achat, o fr. 50 c. de courtage, 2 fr.
16 c. pour les droits, et 4 fr. 20 c. de port : combien faut il revendre le kil. de cette marchandise pour gagner 6 fr. par balle?

572. On reçoit 3 pièces de vin contenant ensemble 750 litres : on a payé pour chaque pièce
55 fr. d'achat et 1 fr. 80 c. pour les droits, 9 fr.
de transport pour toutes : à combien revient le
litre, sachant qu'il se trouve à déduire 15 litres
de lie?

573. On a acheté 4 pièces de liqueur contenant
chacune 590 litres : on a payé, pour chaque pièce,
600 fr. d'achat et 12 fr. de port; on voudrait gagner 20 fr. sur chaque pièce en les revendant :
combien faut-il vendre le litre, sachant qu'il se
trouve 6 litres de fond dans chaque pièce?

574. On a acheté 2 barriques de marchandises,
dont l'une pèse 750 kil. et l'autre 625 kil. : on a
payé 800 fr. d'achat pour les deux, 27 fr. de transport par barrique, et 5 fr. de courtage : à combien revient le kil. sachant qu'il se trouve à déduire auparavant 80 kil. de taré pour les deux
tonneaux?

575. On reçoit 5 tonneaux de chicorée, pesant
chacun 440 kil. : on a payé 1,030 fr. d'achat pour
tous, et 7 fr. de transport par tonneau : à combien revient le kil. s'il est accordé 20 kil. de tare
et de trait par tonneau.

576. On a acheté 7 balles de marchandises pesant ensemble 350 kil : on a payé 180 fr. d'achat et 4 fr. pour les droits par balle : à combien revient le kil., s'il est accordé par le négociant 6 kil. 5 hect. de tare et de trait par balle ?

577. Un négociant à fourni à un épicier 6 caisses de riz, pesant chacune 37 kil. 65 déc., à raison de 30 fr. la caisse : on demande à combien revient le kil., sachant que l'épicier a payé 11 fr. de frais pour les 6 caisses, et que le négociant lui accorde 7 kil de tare et de trait par caisse ?

578. On a acheté 2 pièces de vin dont l'une contient 260 litres et l'autre 250 : on a payé, pour chaque pièce, 75 fr. d'achat et 3 fr. 80 c. de congé, 10 fr de port pour les deux; on voudrait gagner 10 fr. par pièce : combien faut-il revendre le litre, sachant qu'il se trouve 5 litres de lie dans chaque pièce ?

579. On reçoit 5 barriques de marchandises, dont une pèse 600 kil., une 575 kil. et les 3 autres pèsent chacune 510 kil.: on a payé pour toutes 2,103 fr. d'achat et 17 fr. de port, 1 fr. 25 c. de commission pour chaque : à combien revient le kil., s'il est accordé 35 kil et 75 déc. de tare par barrique ?

580. On a reçu 3 tonneaux de marchandises pesant ensemble 1,860 kil.: on a payé pour cette marchandise 160 fr. d'achat par 100 de kil. 11 fr. 35 c. de port par tonneau, et 5 de commission pour tous : à combien revient le kil., s'il est accordé 31 kil. 5 hect. de tare et de trait par tonneau ?

581. 16 caisses de marchandises dont 9 pèsent chacune 50 kil., et les 7 autres pèsent aussi chacune 42 kil. 5 déc., ont été payées à raison de 185 fr. par 100 de kil.: combien coûte le kil. s'il se trouve à déduire 6 kil. 5 hect. de tare par caisse?

582. On reçoit 12 balles de marchandise dont 9 pèsent chacune 37 kil 5 hect., et les 3 autres pèsent aussi chacune 30 kil. : on a payé 90 fr. d'achat par 100 kil., 7 fr. 225 m. pour les droits par 1,000 kil , 6 fr. de courtage par 1,000 kil., 4 fr. 10 c. de port par balle : à combien revient le kil. si l'on accorde 6 fr de tare par balle ?

583. On a acheté 4 balles de marchandise dont 2 pèsent chacune 89 kil., et les 2 autres 76 kil.: on a payé 210 fr. d'achat par 100 de kil., 2 fr. 125 m. de droits aussi par 100 de k. et enfin 2 fr. 50 c. de courtage par 100 de k.: à combien revient le k. si l'on accorde 25 kil. 5 déc. de tare pour toutes?

584. On reçoit 4 pièces de vin, dont l'une contient 240 litres, une 2 hect. 25 litres, et les 2 autres chacune 2 hect. et demi : on a payé 55 fr. d'achat par 100 de litres, 1 fr. 25 c. de droits aussi par 100 de litres, et 2 fr. 80 c. de port par pièce : à combien revient le litre si l'on accorde 6 litres de lie par pièce ?

585. On a reçu 10 pièces de vin, dont 7 contiennent chacune 1 hect. et demi, et les 3 autres contiennent aussi chacune 1 hect. 4 déc. : on a payé 47 fr. 50 c. d'achat par 100 de litres, et l'on voudrait gagner 10 fr. par hect. ou 100 de litres : combien faut-il revendre le litre, si l'on accorde 5 litres de lie par pièce ?

586 On a acheté 5 pièces de vin, dont une contient 2 hect. 6 déc., une 2 hect. et demi, une 2 hect. 35 litres, et les 2 autres contiennent ensemble 4 hect. et 4 déc.: on a payé 50 fr. d'achat par hect., 17 fr. 20 c. de port pour chaque pièce : à combien revient le litre, si l'on accorde 20 litres de lie ?

587. On a acheté 4 barriques de marchandisess dont une pèse 600 kil 5 hect. (tare 22 kil. 25 déc.), une 600 kil. (tare 21 kil. 5 hect.), une 580 kil. 5

déc. (tare 20 kil.), une 575 kil. (tare 20 kil. 1 hect.),
on a payé 195 fr. d'achat par 100 de k., 7 fr. 17 c.
de droits par 1,000 kil., 2 fr. 50 c. de commission
par 100 de kil., et 21 fr. de port pour tout : à
combien revient le kil. ?

588. On a acheté 6 caisses de marchandises,
dont une pèse 69 kil. 6 hect. (tare 7 kil.), une 69
kil. 5 déc. (tare 6 kil. 5 hec.), une 65 kil. 3 hect.
(tare 6 kil. 6 déc.), une 62 kil. (tare 5 kil. 75 gr.),
une 62 kil. (tare 5 kil. 1 hect.), et la sixième 61
kil. 7 hect. (tare 5 kil. 8 déc.) : on a payé 96 fr.
d'achat par 100 de kil. : à combien revient le kil. ?

MESURE DE SUPERFICIE.

Pour trouver la superficie ou surface carrée
d'une étendue, ayant une longueur et une largeur régulières, il faut multiplier la longueur par
la largeur, le produit donne la superficie.

EXERCICES.

I. Quelle est la superficie ou surface en mètres
carrés d'une muraille de jardin, ayant 12 mètres
de longueur sur 3 mètres de largeur ou hauteur,
et combien devra-t-on payer pour la faire blanchir, à raison de 0 fr. 10 c. le mètre carré ?

II. Quelle est la superficie ou surface en mètres
carrés d'une muraille de jardin, ayant 29 mètres
48 cent. de longueur sur 2 mètres 87 cent. de largeur et combien faudra-t-il payer pour la faire
blanchir à raison de 0 fr. 10 c. le mètre carré ?

III. Combien de mètres carrés dans une muraille de jardin ayant 19 mètres 80 cent. de longueur sur 2 mètres 85 cent. de largeur, dont il faut

déduire l'emplacement d'une porte ayant 2 mètres 37 cent. de hauteur sur 2 mètres 06 cent. de largeur ; ensuite combien paiera-t-on au peintre qui doit la blanchir à raison de 08 c. le mètre carré ?

IV. Combien faut-il payer pour faire blanchir une façade de maison, ayant 12 mètres 08 cent. de longueur sur 6 mètres 79 cent. de hauteur, à raison de 09 c le mètre carré, dont il faut déduire auparavant 11 fenêtres de 2 mètres de hauteur sur 1 mètre 06 cent. de largeur, et une porte de 2 mètres 90 c. de haut, sur 1 mètre 06 cent. de large ?

V. Combien paiera-t-on pour faire blanchir une chambre, à raison de 08 c. le mètre carré : 2 murs ont chacun 5 mètres de long, et les 2 autres chacun 4 mètres aussi de long, la hauteur de ces murs étant de 2 mètres ; il faut déduire auparavant une porte de 2 mètres de haut, sur 1 mètre 10 cent. de large, et 2 fenêtres de 2 mètres de haut sur 0 mètre 80 cent. de large chacune ?

VI Combien faudra-t-il payer au peintre, à raison de 08 cent le mètre carré, pour faire blanchir une salle, dont 2 murs ont chacun 5 mètres 16 cent. de long, et les 2 autres ont chacun 4 mètres 07 cent. aussi de long ; la hauteur de ces murs étant de 2 mètres 90 cent. ; il se trouve à déduire auparavant 2 portes de 2 mètres de haut sur 1 mètre 12 cent. de large, et 2 fenêtres de 2 mètres de haut sur 0 mètre 90 cent. de large ?

VII. Combien faudra-t-il payer pour faire blanchir une salle, à raison de 08 c. le mètre carré : 2 murs ont chacun 5 mètres 39 cent. de long, et 1 autre mur a 4 mètres 09 cent. de longueur (le quatrième mur se trouve couvert d'une boiserie); la hauteur de ces murs étant de 2 mètres 96 cent.; le plafond a 5 mètres 39 cent. de long, sur 4 mètres

09 cent. de large; il faut déduire 3 fenêtres ayant 1 mètre 80 cent. de hauteur sur 0 mètre 90 cent. de largeur, et une porte de 2 mètres de haut sur 1 mètre 07 cent. de large ?

VIII. Combien paiera-t-on pour faire blanchir 2 salles, à raison de 0 fr, 08 c. le mètre carré : l'une a 2 murs de 4 mètres 92 cent de long, et 2 autres murs de 4 mètres 07 cent. aussi de long, la hauteur de ces murs étant de 2 mètres 83 c., le plafond a 4 mètres 92 cent. de long, sur 4 mètres 07 cent ?

L'autre salle a 2 murs de 4 m. 10 cent chacun, et 2 autres murs de 3 m. 99 cent. aussi de long : la hauteur est la même que celle de l'autre salle. Il faut avoir soin de déduire 4 fenêtres de 1 mètre 60 cent. de haut sur 0 m. 76 cent de large, et 3 portes de 2 m de haut sur 1 m. 12 cent de large ?

IX. Combien paiera-t-on pour faire peindre à l'huile 8 châssis vitrés, à raison de 0 m. 35 cent. le m. carré, sachant que ces châssis ont chacun 1 m. 86 cent. de haut sur 1 m 05 cent. de large, et qu'on est convenu avec le peintre de ne compter que 2 m. sur 3 pour le paiement : c'est donc le tiers à déduire, comme ça se pratique pour les châssis à glaces ?

X. Combien faudra-t-il payer pour faire peindre à l'huile les portes et châssis d'une maison, à raison de 0 fr. 50 c. le mètre carré :

1° 4 portes de 2 m. de haut chaque sur 1 m. 12 c. de large, peintes sur 2 côtés; 2 autres portes de 2 m. 92 c. aussi de haut sur 1 m. 07 c. de large, peintes aussi sur les 2 côtés.

2° 6 châssis vitrés de 1 m. 89 c. de haut sur 1 m. de large, peints aussi sur les 2 côtés, observant cependant qu'on ne doit compter que les deux tiers de la superficie pour la peinture des châssis vitrés ?

XI. Combien faudra-t-il payer pour faire peindre à l'huile une salle dont la porte et les buffets doivent être payés à raison de 1 fr. 25 c. le mètre carré ; les murailles et les châssis à raison de 1 fr. 75 c. le m. carré (sans déduction pour les châssis); les buffets ou boiseries ont ensemble 4 m. 51 c. de large sur 2 m. 90 c. de haut, et la porte a 2 m. 06 c. de haut sur 1 m. 09 c. de large; pour les murailles, les châssis compris, 2 ont chacune 5 m. de longueur et une troisième a 4 m. 51 c. de longueur, la hauteur de tous ces murs étant la même que celle des buffets, il faut déduire la porte qui sera comptée avec les buffets?

XII. Combien faudra-t-il payer pour faire peindre à l'huile une salle, dont les buffets, les châssis à l'intérieur, le lambris et la porte doivent être payés à raison de 1 fr. 50 c. le m. carré

Les châssis à l'extérieur à raison de 0 fr. 25 c. le m. carré, sans déduction.

Les buffets ont ensemble 4 m. 75 c. de long sur 2 m. 90 c. de hauteur. Les 3 châssis ont chacun 2 m. 25 c. de haut sur 1 m. de large.

Le lambris a 15 m. de long sur 0 m. 80 c. de large ou de haut.

La porte a 2 m. 10 c. sur 1 m. 26 c.?

Les 3 châssis à l'extérieur ont chacun 2 m. 05 c. de haut sur 0 m. 95 c. de large ?

XIII. Combien paiera-t-on pour toutes les peintures à l'huile d'une maison, à raison de 0 fr. 45 c. le m. carré :

1° 5 portes de 2 m. de haut sur 1 m. 18 c., peintes sur les 2 côtés?

2° Deux autres portes de 2 m. 80 c. de haut sur 1 m. 06 c., peintes aussi sur 2 côtés?

3° Les volets de 8 fenêtres de 2 m. de haut sur 1 m. 46 c., peints aussi sur 2 côtés ?

4° 8 châssis vitrés de 1 m. 64 c. chaque, sur 1

m. 52 c., peints aussi sur 2 côtés, dont il faut dé-duire le tiers?

5° 16 tablettes de châssis de 1 m. 64 c. sur 0 m. 25 c.?

6° 2 tablettes et boiseries de cheminée, où l'on comptera 1 m. 50 c. pour chaque, comme ça se pratique ordinairement?

XIV. Combien paiera-t on pour toutes les peintures à l'huile d'une maison, à raison de 0 fr 35 c. le m. carré?

1° Pour 2 portes de 2 m. de haut sur 1 m. 17 c. de large, peintes sur un côté seulement?

2° 3 autres portes de 2 m. 78 c. sur 1 m. 05 c. peintes sur 2 côtés?

3° 14 volets de fenêtres de 2 m. de haut sur 1 m. 47 c., peints aussi sur 2 côtés?

4° 12 châssis vitrés de 1 m. 66 c. de haut sur 1 m. 54 c., peints sur un côté seulement, dont il faut déduire le tiers?

5° 14 tablettes de châssis de 1 m. 66 c. sur 0 m. 23 c. de large?

6.° 3 tablettes de cheminées, où l'on comptera 1 m. 50 c. pour chaque?

XV. Combien paiera-t-on au menuisier pour une boiserie de 4 m. 39 c. de longueur, sur 2 m. 69 c. de largeur ou hauteur, à raison de 6 fr. 60 c. le m. carré. Ensuite pour 2 portes à panneaux de 2 m. de haut chaque, sur 0 m. 98 c. de large, à raison de 7 fr. 25 c. le m. carré. Enfin pour une plinthe au bas d'une muraille, ayant 13 m. 60 c. de long sur 0 m. 15 c. de large, à raison de 4 fr. 25 c. le m. carré?

XVI. Combien paiera-t-on au menuisier pour 3 portes à panneaux, ayant chacune 1 m. 88 c. de haut, sur 0 m. 93 c. de large, à raison de 7 fr. 25 c. le m. carré?

Ensuite pour les chambranles de ces mêmes

portes, lesquels ont de chaque côté 1 m. 88 c. de haut, les dessus ont chacun 1 m. 15 c. de long, et en largeur 0 m. 48 c., pour les dessus et les côtés, à raison de 5 fr. 50 c. le m. carré?

XVII. Combien paiera-t-on au menuisier pour les ouvrages ci-après:

1° Pour 8 châssis vitrés de 1 m. 72 c. sur 1 m. 03 c., à raison de 10 fr. 50 c. le m. carré?

2° Pour 3 portes en charpente de 2 m. 08 c. de haut sur 0 m. 97 c. de large, à 4 fr. 50 c. le m. carré?

3.° Les chambranles de 4 portes, lesquels ont de chaque côté 1 mètre 92 cent. de haut, les dessus 1 mètre 09 cent. de long, et en largeur 0 mètre 33 cent., à raison de 5 fr. le mètre carré?

XVIII. Combien paiera-t-on au maître maçon, à raison de 1 fr. 10 cent. le mètre carré pour 2 plafonds, dont l'un a 5 mètres 69 cent. de long, sur 4 mètres 03 cent. de large, et l'autre 4 mètres 89 cent. de long, sur 4 mètres 03 cent. de large? Ensuite pour les pavés de carreaux en terre cuite de ces deux mêmes places, à raison de 3 fr. le mètre carré?

XIX. Combien paiera-t-on au maître maçon pour enduits sur mur, à raison de 0 fr. 40 cent. le mètre carré:

1.° Pour une salle dont 2 murs ont chacun 6 m. de long, et les 2 autres chacun 4 mètres 05 cent. aussi de long.

2.° Pour un corridor dans les 2 côtés ont chacun 6 mètres de long; la hauter de tous ces murs est de 2 mètres 80 cent.; il faut déduire auparavant 2 fenêtres ayant chacune 1 mètre 82 cent. sur 0 mètre 82 cent. de large, et 3 portes de 2 m. de haut sur 1 mètre 07 cent. de large?

XX. Combien paiera-t-on au maître maçon pour enduits sur mur ou plâtrages, à raison de 0 fr. 45 c. le mètre carré:

1.º Pour une salle dont 2 murs ont chacun 4 m. 50 cent. et les 2 autres chacun 4 mètres.

2.º Une autre salle dont 2 murs ont chacun 4 m. 10 cent. de long, et les 2 autres 3 mètres 75 cent. aussi chacun.

3.º Le corridor dont les 2 côtés ont chacun 5 m. 50 cent. la hauteur de tous ces murs étant de 2 m. 60 cent ?

XXI Combien paiera-t-on pour une nochère etc. en zinc, dont les 2 côtés ont chacun 13 mèt. 30 cent. de long, sur 0 m. 45 cent. de large, à raison de 5 fr. 25 cent. le mètre carré

Ensuite pour 4 faitières de 1 m 45 cent. de long, sur 0 m. 45 cent de large, et 8 chéneaux de 1 m 50 cent. de long, sur 0 m. 45 cent. de large, lesquels et les faitières au même prix que la nochère.

Enfin pour 2 tuyaux de descente ayant chacun 6 m. 10 cent. de long, à raison de 1 fr. 60 cent. le mètre ?

MESURES DE SOLIDITÉ.

Pour mesurer les solides, corps ou volumes, au mètre cube, par exemple, il faut multiplier la longueur du volume par la largeur, et le produit par l'épaisseur, ou la hauteur ou profondeur : le résultat de cette dernière opération donnera le nombre de mètres cubes que le volume contient.

EXERCICES.

I. Combien tirera-t-on de mètres cubes de terre pour creuser un fossé de 126 mètres de longueur, 2 mètres de largeur et 1 de profondeur ou hauteur ? Combien paiera-t-on à l'ouvrier qui l'a entrepris, à raison de 35 cent. le mètre cube?

II. Combien paierai-je, à raison de 38 cent. et demi par mètre cube, pour avoir fait creuser une citerne de 6 mètres de longueur, 4 et demi de largeur et 2 de profondeur? Ensuite pour un fossé de 28 mètres de long, 0 m. 90 cent. de large, et 1 m. 10 cent. de profondeur, à raison de 35 cent. 75 dix-millimes le mètre cube?

III. Combien paiera-t-on pour avoir fait creuser un vivier de 15 m. 30 cent. de long sur 7 m. 50 cent. de large et 2 m. 40 cent. de profondeur ou hauteur, à raison de 0,30 par mètre cube. Ensuite pour un fossé circulaire de 47 mètres de circonférence, 3 m. 50 cent. de largeur, sur 2 m. de profondeur, au même prix que le vivier?

IV. Combien dois-je payer au maître maçon, à raison de 13 fr. le mètre cube, pour une muraille de 8 mètres 18 cent. de longueur, sur 2 mètres 41 cent. de hauteur et 0 mètre 34 cent. d'épaisseur. Ensuite pour un pavé en briques de champ de 11 mètres de longeur sur 2 m. 80 cent. de largeur, et 0 m. 11 cent. d'épaisseur, à raison de 16 fr. 50 c. le mètre cube?

V. Combien paierai-je au maître maçon, à raison de 12 fr. 75 cent. le mètre cube, pour une muraille, dont la fondation a 9 mètres 88 cent. de longueur, 1 mètre 10 cent de hauteur, sur 0 mètre 45 cent. d'épaisseur, et la façade 9 m. 75 cent. de longueur, 2 mètres 89 cent. de hauteur, sur 0 m. 54 cent. d'épaisseur, dont il faut déduire une grand'porte : 1.º pour la fondation, 2 mètres 49 cent. de longueur, 1 m. 10 cent. de hauteur, sur 0 m. 45 cent. d'épaisseur ; 2.º pour le vide qui se trouve dans la façade, 2 m. 45 cent. de lodg, 2 m. 98 cent. de haut, sur 0 m. 34 cent. d'épais?

VI. Combien devra-t-on payer, à raison de 12 f.

76 cent. le mètre cube, pour les ouvrages ci-après :
1.º pour une façade dont la fondation ou première
partie, a 9 m. 97 cent de long, sur 0 m. 68 cent.
de haut et 0 m. 45 cent. d'épais. 2.º La seconde
partie de la façade ayant 9 m. 86 cent. de long,
5 m. 30 cent. de haut, sur 0 m. 54 cent. d'épais,
dont il faut déduire une porte de 2 m. 08 cent.
de haut, 0 m 98 cent. de large, sur 0 m. 54 cent.
d'épais, et 4 fenêtres de 1 m. 69 cent de haut ,
1 m de large, sur 0 m. 54 cent. d'épais?

VII. On demande combien on devra payer au
maître maçon., à raison de 13 fr 25 cent. le mètre
cube , pour une cave , dont 2 murs ont chacun
5 m. de long , 1 m. 90 cent. de haut , sur 0 m.
45 cent. d'épais.

Les 2 autres murs ont chacun 4 m. 07 de long.
2 m. 58 cent. de haut , sur 0 m. 54 cent. d'épais,
Ensuite la voûte a 5 de long. 4 m. 39 cent de
large , sur 0 m. 22 cent. d'épais. Enfin le pavé a
5 m, de long , 4 m. 07 cont de large , sur 0 m.
11 c. d'épais.

VIII. On demande ce qu'on devra payer au
maître maçon , à raison de 12 fr. 75 cent. le
mètre cube , pour les maçonneries ci-après :
1º Pour un pigeou dont la première partie ou
fondation a 5 m. 80 cent. de long, 0 m. 75 cent.
de haut sur 0 m. 45 cent. d'épais. La seconde
partie de la retaillé jusqu'à la naissance de la
pointe , a 5 m. 69 cent. de long , 3 m. de haut ,
sur 0 m. 54 cent. d'épais? La troisième partie ou
la pointe , 5 m. 69 cent. de long, 3 mètres 25 c.
de haut, sur 0 m. 22 c. d'épais; cette troisième
partie formant un triangle ne doit être comptée
que pour la moitié?

IX (Suite.) 2.º Pour un corridor dont les 2
côtés ont chacun 5 m. 16 cent. de long, 2 m. 67 c.
de large , sur 0 m. 11 cent. d'épais.

5.ᵉ Pour un autre mur de 3 m. 60 cent. de long, 2 m. 67 cent. de large, et 0 m. 32 cent. d'épais, au même prix que le pignon. Il faut déduire 2 portes de 1 m. 96 cent. de haut, 0 m. 98 cent. de large et 0 m. 11 cent. d'épais.

X. (Suite) 4.º Pour une cheminée ayant 6 m. 08 cent. de hauteur, 0 m. 67 cent. de largeur, et 0 m. 34 cent. d'épaisseur.

(L'épaisseur d'une cheminée n'est en réalité que de 0,11 cent. ; mais on la regarde quelquefois comme pleine, à cause de la main-d'œuvre.)

5.º Pour un puits de 6 m. 80 cent. de profondeur, 3 m. de cicronférence, prise dans le milieu du mur, et 0 m. 22 cent. d'épaisseur ; lesquels au même prix que les précédents?

SYSTÈME MÉTRIQUE DÉCIMAL.

On entend par système métrique, l'ensemble des principes d'après lesquels on a déterminé les poids et mesures qui ont le mètre pour base.

Le sytème métrique comprend six unités principales, ce sont : le Mètre, l'Are, le Stère, le Litre, le Gramme et le Franc.

Le *Mètre*, unité des mesures de longeur, est la dix-millionième partie du quart du méridien terrestre. Le *Mètre carré* est aussi l'unité des mesures de superfie,

L'*Are*, qui est l'unité des mesures agraires, est un carré de dix mètres de côté.

Le *Stère*, ou *Mètre cube*, unité des mesures de solidité, est une mesure cubique d'un mètre de côté.

Le *Litre*, unité des mesures de capacité, est une mesure cubique d'un décimètre de côté.

Le *Gramme*, unité des poids, est le poids de l'eau pure que peut contenir un vase cubique d'un centimètre de côté.

Le *Franc*, unité monétaire, est une pièce du poids de cinq grammes, composée de neuf parties d'argent et d'une partie de cuivre.

Ces six mesures ou unités sont appelés *métriques* parce qu'elles tirent leur origine du mètre, qui a été pris lui-même pour l'unité des mesures de longueur.

MULTIPLES ET SOUS-MUTIPLES

DES UNITÉS MÉTRIQUES.

Pour exprimer la multiplication des unités métriques, suivant l'ordre décimal, on se sert quelquefois des expressions suivantes, qu'on place avant le nom de l'unité, et qu'on nomme multiples décimaux :

       Déca, qui signifie 10
       Hecto, ... 100
       Kilo, ... 1000
       Myria, ... 10000

Ainsi un décamètre comprend 10 mètres; un hectomètre, 100 mètres; un kilomètre, 1000 m. ; un myriamètre, 10,000 mètre; et ainsi des autres.

Pour exprimer les subdivisions des unités métriques, suivant l'ordre décimal, on place avant le nom de l'unité, les mots suivant qu'on appelle sous-multiples décimaux :

       Déci, qui signifie , ... 10.e
       Centi, ... 100.e
       Milli, ... 1000.e

Ainsi, un décimètre, par exemple, est la dixième partie du mètre ; un centigramme, la centième partie du gramme, un millimètre, la millième partie du mètre, ainsi des autres.

SUBDIVISION DU MÈTRE.

Le *Mètre*, se divise en dix parties qu'on appelle décimètres, le décimètre en dix parties qu'on appelle centimètres, et le centimètre en dix parties qu'on appelle millimètres. Il en est de même des autres unités.

Au reste, voici l'application des expressions que l'usage a consacrées :

Pour les longueurs, le décamètre, le *Mètre*, le décimètre, le centimètre et le millimètre ; et pour les mesures itinéraires, le myriamètre, le kilomètre, l'Hectomètre, etc.

Pour les terrains, l'hectare, l'*Are*, le centiare.

Pour les bois de chauffage, le décastère, le *Stère* et le décistère ; et pour les autres solides, le mètre cube, le décimètre cube et le centimètre cube.

Pour les graines, les liquides et certaines matières sèches, le kilolitre (peu usité), l'hectolitre, le décalitre, le *litre*, le décilitre et centilitre.

Pour les poids, le myriagramme (peu usité), le kilogramme, l'hectogramme, le décagramme, le *gramme*, le décigramme, le centigramme et le milligramme.

Pour la monnaie, le *franc*, le décime et le centime. Ces deux derniers mots étant mis à la place de décifranc et de centifranc.

— ⚜ —

— Lille, Typ. L. Lefort. 1852.

www.ingramcontent.com/pod-product-compliance
Lightning Source LLC
Chambersburg PA
CBHW061350060726
47597CB00003B/798